青少年创意编程丛书

轻松学 Scratch 少儿趣味编程

周　峰　周艳科◎编著

电子工业出版社

Publishing House of Electronics Industry
北京·BEIJING

内 容 简 介

本书首先讲解 Scratch 少儿编程的基础知识，如少儿编程的重要性、Scratch 的特点、学习方法、下载、安装、操作界面及设置；然后通过实例剖析讲解 Scratch 的八大积木代码模块，即运动积木代码模块、外观积木代码模块、画笔积木代码模块、声音积木代码模块、事件积木代码模块、控制积木代码模块、侦测积木代码模块、运算积木代码模块；最后通过两个综合案例，即打字游戏、随机绘制多边形与花朵，来讲解 Scratch 少儿编程实战方法与技巧。在讲解过程中既考虑少儿读者的学习习惯，又通过具体实例剖析讲解 Scratch 少儿编程中的热点问题、关键问题及各种难题。

本书适用于完全没有接触过编程的家长和 6～18 岁青少年学生阅读，也适用于大学生、Scratch 或信息技术教师、计算机科学爱好者、青少年编程培训机构、校内相关社团、Scratch 爱好者阅读研究。任何人都能各取所需，即使你不用电脑操作，看一遍书都是一次难得的思维训练。

未经许可，不得以任何方式复制或抄袭本书之部分或全部内容。
版权所有，侵权必究。

图书在版编目（CIP）数据

轻松学 Scratch 少儿趣味编程 / 周峰，周艳科编著 .—北京：电子工业出版社，2019.4
（青少年创意编程丛书）
ISBN 978-7-121-36386-3

Ⅰ.①轻… Ⅱ.①周… ②周… Ⅲ.①程序设计－少儿读物 Ⅳ.① TP311.1-49

中国版本图书馆 CIP 数据核字（2019）第 074316 号

策划编辑：徐云鹏　赵　岚
责任编辑：徐云鹏
印　　刷：北京天宇星印刷厂
装　　订：北京天宇星印刷厂
出版发行：电子工业出版社
　　　　　北京市海淀区万寿路 173 信箱　邮编 100036
开　　本：720×1000　1/16　印张：10.75　字数：206.4 千字
版　　次：2019 年 4 月第 1 版
印　　次：2019 年 4 月第 1 次印刷
定　　价：59.00 元

凡所购买电子工业出版社图书有缺损问题，请向购买书店调换。若书店售缺，请与本社发行部联系，联系及邮购电话：(010) 88254888，88258888。
质量投诉请发邮件至 zlts@phei.com.cn，盗版侵权举报请发邮件至 dbqq@phei.com.cn。
本书咨询联系方式：(010) 88254442，(010) 88254521。

前言

比尔·盖茨13岁开始学编程,后来他成了世界首富;马克·扎克伯格10岁开始学编程,后来他成了最年轻的亿万富翁;腾迅创始人马化腾、新浪创始人王志东、网易创始人丁磊,他们都是从编程做起的;百度创始人李彦宏曾放弃枯燥的工作机会,深造计算机专业,创建的百度成为目前最大的中文搜索引擎。

科学研究表明,人的大脑在3岁可以发育到60%,5~10岁正是孩子大脑发育的黄金阶段,此时,孩子的环境感知将会转变为逻辑连接。8~18岁亦是孩子抽象逻辑思维形成期。在这个阶段孩子学习编程,一方面,新知识吸收较快,另一方面,掌握了新技术,为他们未来的学习和职业生涯夯实基础。

牛津大学在2013年发布的一份报告预测,未来20年里有将近一半的工作可能被机器所取代。而现在"人类是主宰机器人,还是被机器人反制"这种话题一再被提及,假如现在不学习编程,就像20年前不会打字、上网一样。

2014年,英国把图形化编程纳入了5岁以上小朋友的必修课;在法国,编程被纳入了初等义务教育的选修课程;在北欧国家如芬兰、爱沙尼亚,也把编程作为了一门非常重要的义务教育学科;在美国,编程已进入幼儿园和中小学课堂,是备受欢迎的课程之一;在我国,少儿编程也越来越流行起来,并且在中小学阶段设置相关课程,这是一个重要的发展方向。

  Scratch 是美国麻省理工学院设计开发的可视化少儿编程工具，全球越来越多的孩子正在学习使用。它把枯燥乏味的数字代码变成"乐高"状的模块，零基础的孩子也能轻松编辑程序。编程让孩子从被动享乐变成主动创造，做游戏的设计者，而不仅仅做被动玩家。

本书结构

  本书共 10 章，具体章节安排如下：

  第 1 章：首先讲解少儿编程的重要性，然后讲解 Scratch 的特点和学习方法，接着讲解 Scratch 的下载、安装及设置等，最后讲解第一个 Scratch 程序，即小猫追足球。

  第 2 章到第 9 章：通过实例剖析讲解 Scratch 的八大积木代码模块，即运动积木代码模块、外观积木代码模块、画笔积木代码模块、声音积木代码模块、事件积木代码模块、控制积木代码模块、侦测积木代码模块、运算积木代码模块。

  第 10 章：通过两个综合案例，即打字游戏、随机绘制多边形与花朵，来讲解 Scratch 少儿编程实战方法与技巧。

本书特色

  编程已经成为世界的通用语言，与听、说、读、写、算一样，是孩子必须掌握的技能。本书的显著特点有以下几点。

  一、实用性：本书首先着眼于 Scratch 少儿趣味编程应用，然后再探讨深层次的技巧问题。

  二、详尽的例子：本书每一章都附有大量的例子，通过这些例子介绍知识点。每个例子都是作者精心选择的，反复练习，举一反三，就可以真正掌握 Scratch 少儿趣味编程技巧，从而学以致用。

  三、全面性：本书包含了 Scratch 少儿趣味编程的所有知识，即少儿编程的重要性、背景管理、角色管理、运动积木代码模块、外观积木代码

前　言

模块、画笔积木代码模块、声音积木代码模块、事件积木代码模块、控制积木代码模块、侦测积木代码模块、运算积木代码模块、剪刀石头布游戏、小猫做算术运算、随鼠标移动的飞舞多彩的小球、雪花飘舞的动画效果、打字游戏、随机绘制多边形与花朵等。

四、本书由浅入深、循序渐进地讲解了 Scratch 少儿趣味编程所需要的基础知识，力求从零开始、通俗易懂。中小学生即使对编程没有任何概念，只要从第 1 章开始依次阅读，也是可以完全理解并掌握这些内容的。

五、本书提供中小学生趣味编程 QQ 群（群号：954975853，群的二维码： ），这样中小学生可以直接与作者进行交流。

六、本书提供大量的视频讲解，可以在 QQ 群中下载。

七、本书提供二维码扫描视频学习，这样中小学生可以更加轻松地学习少儿编程。

本书适合的读者

本书适用于完全没有接触过编程的家长和 6～18 岁青少年学生阅读，也适用于大学生、信息技术教师、计算机科学爱好者、青少年编程培训机构、校内相关社团、Scratch 爱好者阅读研究。任何人都能各取所需，即使你不用电脑操作，看一遍书都是一次难得的思维训练。

创作团队

本书由周峰、周艳科编著，下面人员对本书的编写提出过宝贵意见并参与了部分编写工作，他们是刘志隆、王冲冲、吕雷、王高缓、梁雷超、张志伟、周飞、葛钰秀、张亮、王英茏、陈税杰等。

由于时间仓促，加之水平有限，书中的缺点和不足之处在所难免，敬请读者批评指正。

目录

第 1 章　Scratch 少儿趣味编程快速入门 1
1.1　少儿编程的重要性 1
1.2　初识 Scratch 2
1.2.1　Scratch 的特点 2
1.2.2　Scratch 的学习方法 2
1.3　Scratch 的下载与安装 2
1.3.1　Scratch 的下载 2
1.3.2　Scratch 的安装 3
1.4　Scratch 操作界面与设置 4
1.4.1　设置显示 Scratch 的中文操作界面 4
1.4.2　标题栏、菜单栏和工具栏 6
1.4.3　舞台区 7
1.4.4　角色区 8
1.4.5　积木代码区 12
1.4.6　脚本区 13
1.5　第一个 Scratch 程序：小猫追足球 13

1.5.1　添加小猫和足球角色 13

　　1.5.2　为足球添加积木代码 15

　　1.5.3　为小猫添加积木代码 17

　　1.5.4　运行程序并保存 18

第 2 章　Scratch 运动积木代码模块编程实例 20

　2.1　移动积木代码的编程实例 20

　　2.1.1　移动积木代码的作用 20

　　2.1.2　实例：复制小猫并随机显示其位置 21

　　2.1.3　实例：随鼠标移动的蝴蝶 23

　2.2　旋转积木代码的编程实例 24

　　2.2.1　旋转积木代码的作用 24

　　2.2.2　实例：让我旋转多少度 25

　2.3　面向积木代码的编程实例 26

　　2.3.1　面向积木代码的作用 26

　　2.3.2　实例：利用键盘控制甲壳虫的爬行 26

　　2.3.3　实例：面向鼠标转动的箭头 29

　2.4　其他运动积木代码的编程实例 30

　　2.4.1　其他运动积木代码的作用 30

　　2.4.2　实例：游来游去的鱼 31

第 3 章　Scratch 外观积木代码模块编程实例 36

　3.1　说和思考积木代码的编程实例 36

　　3.1.1　说和思考积木代码的作用 36

　　3.1.2　实例：两个潜水员的对话 37

　3.2　显示和隐藏积木代码的编程实例 41

3.2.1 显示和隐藏积木代码的作用 41
3.2.2 实例：隐藏的小猫 41
3.3 造型与背景切换积木代码的编程实例 43
3.3.1 造型与背景切换积木代码的作用 44
3.3.2 实例：跳舞的小女孩 44
3.4 特效与大小变化积木代码的编程实例 46
3.4.1 特效与大小变化积木代码的作用 46
3.4.2 实例：文字的特效动画效果 47
3.5 其他外观积木代码的编程实例 54
3.5.1 其他外观积木代码的作用 55
3.5.2 实例：空中飞人 55

第 4 章 Scratch 画笔积木代码模块编程实例 58

4.1 画笔积木代码的作用 58
4.2 实例：绘制台阶 59
4.3 实例：小爬虫绘制六边形动画 61
4.4 实例：图章的应用 64
4.5 实例：彩色画笔 65

第 5 章 Scratch 声音积木代码模块编程实例 68

5.1 声音积木代码的编程实例 68
5.1.1 声音积木代码的作用 68
5.1.2 实例：带有声音的游来游去的鱼 70
5.2 弹奏鼓声和音符积木代码的编程实例 72
5.2.1 弹奏鼓声和音符积木代码的作用 72
5.2.2 实例：架子鼓与萨克斯 74
5.3 其他声音积木代码的编程实例 76

5.3.1　其他声音积木代码的作用 76
　　　5.3.2　实例：音乐会 77

第 6 章　Scratch 事件积木代码模块编程实例 82

6.1　Scratch 中的各种事件 82
　　　6.1.1　Scratch 中的事件 82
　　　6.1.2　Scratch 中各事件的意义 82
6.2　实例：来回散步动画效果 84
6.3　实例：鲨鱼吃小鱼游戏 86
　　　6.3.1　添加小鱼和鲨鱼角色并美化舞台 86
　　　6.3.2　小鱼从上游到下动画 87
　　　6.3.3　鲨鱼左右移动效果 89
　　　6.3.4　小鱼碰到鲨鱼就会被吃掉功能 90
　　　6.3.5　鲨鱼吃小鱼计数功能 91
6.4　实例：不同舞台切换的跳舞效果 93
　　　6.4.1　添加两个跳舞角色和两个舞台背景 93
　　　6.4.2　两个舞台背景切换 94
　　　6.4.3　第一个跳舞角色在第一个舞台背景下跳舞 95
　　　6.4.4　第二个跳舞角色在第二个舞台背景下跳舞 96
6.5　实例：生日快乐歌 97

第 7 章　Scratch 控制积木代码模块编程实例 100

7.1　Scratch 的基本流程控制 100
　　　7.1.1　选择结构 100
　　　7.1.2　循环结构 101
7.2　实例：根据学生成绩给出评语 101
7.3　实例：面向鼠标变色的小猫 104

7.4 其他控制积木代码的作用 104

7.5 实例：计算 1+2+3+…+100 105

7.6 实例：雪花飘舞的动画效果 108

第 8 章 Scratch 侦测积木代码模块编程实例 112

8.1 作为条件的侦测积木代码的编程实例 112

    8.1.1 作为条件的侦测积木代码的作用 112

    8.1.2 实例：动物飞行比赛 113

8.2 作为参数的侦测积木代码的编程实例 118

    8.2.1 作为参数的侦测积木代码的作用 118

    8.2.2 实例：沙滩排球小游戏 118

8.3 其他侦测积木代码的作用 124

第 9 章 Scratch 运算积木代码模块编程实例 125

9.1 算术运算积木代码的编程实例 125

    9.1.1 算术运算积木代码的作用 125

    9.1.2 实例：小猫做算术运算 126

9.2 关系运算积木代码的编程实例 132

    9.2.1 关系运算积木代码的作用 132

    9.2.2 实例：小猫判断数的大小 132

9.3 逻辑运算积木代码的编程实例 134

    9.3.1 逻辑运算积木代码的作用 134

    9.3.2 实例：剪刀石头布游戏 134

9.4 其他运算积木代码的编程实例 139

    9.4.1 其他运算积木代码的作用 139

    9.4.2 实例：随鼠标移动的飞舞多彩小球 139

第 10 章　Scratch 编程综合实例 143

10.1　打字游戏 143
10.1.1　打字游戏前台界面 143
10.1.2　打字游戏主界面的布局 145
10.1.3　复制多个字母并改变其造型 146
10.1.4　字母从上向下飘落的动画效果 147
10.1.5　打字效果 149
10.1.6　打字游戏结束界面 151

10.2　随机绘制多边形与花朵 153
10.2.1　自定义绘制多边形函数 154
10.2.2　自定义绘制花朵函数 155
10.2.3　程序初始化积木代码 157
10.2.4　按任意键随机绘制多边形与花朵 158

Scratch 少儿趣味编程快速入门

2007年,麻省理工媒体实验室研发出第一代图形化编程软件Scratch,从此少儿编程飞速发展。截至2018年底,十多年的时间里,少儿编程已经陆续成为许多国家初等教育的必修课程。本章首先讲解少儿编程的重要性,然后讲解Scratch的特点和学习方法,接着讲解Scratch的下载、安装、操作界面及设置,最后讲解第一个Scratch程序:小猫追足球。

1.1 少儿编程的重要性

知道如何写代码,掌握一定的IT技术,对于我们的下一代而言,越来越像一项基本技能了!

假如现在不学习编程,就像20年前不学习打字或者上网一样。下一个20年,编程将成为一种基本能力。编程可以使孩子拥有比同龄人更严谨的思维,能让孩子们从另一方面展示自己,建立更强大的自信。在程序的世界里,没有特别规定的路径,也没有什么"正确的答案",人们完全可以根据自己的答案去解决问题,这对于独立解决问题的能力和逻辑思维能力,是极好的锻炼。

在这个日益数字化的世界,让孩子学一门可能对未来职业规划有帮助的技能是十分必要的。不管以后孩子是否从事编程行业,编程时学到的逻辑思维、算法思维将会使他们终生受益。毫不夸张地说,这种思维模式比从奥数中学习到的思维模式有用多了,也实用多了。

也许有人会说,编程会让孩子太早地接触电脑而迷恋上电脑游戏,但事实却恰恰相反,编程会告诉孩子们游戏是如何开发出来的,游戏中的各种人物、场景、属性等都将会以它们最"原始"的样子展现在孩子们眼前。孩子们的思想格局提高了,明白了程序搞的小把戏,还会"沉迷"吗?当然不会了!

1.2 初识 Scratch

Scratch 是美国麻省理工学院设计开发的可视化少儿编程工具,全球越来越多的孩子正在学习使用。它把枯燥乏味的数字代码变成"乐高"状的模块,零基础的孩子也能轻松编辑程序。

1.2.1 Scratch 的特点

Scratch 可以用来创造交互式故事、动画、游戏、音乐和艺术。使用者即使不认识英文单词,不会使用键盘,也可以进行编程。构成程序的命令和参数通过积木形状的模块来实现,用鼠标拖动指令模块到脚本区即可。

1.2.2 Scratch 的学习方法

学习 Scratch,孩子不用记住编程命令,但并不代表不需要知道编程命令。Scratch 中的积木代码模块包括 8 个大类,100 多个功能,包括了一个完整程序的每个环节,包括数组和函数等。使用这些图形化的积木需要家长或老师正确引导。孩子从模仿的过程中,能感悟到条件语句、循环语句及判断语句,能理解参数和命令的区别。让孩子理性地总结出来是很困难的,引导是必要的。

1.3 Scratch 的下载与安装

Scratch 可以从麻省理工学院的网站免费下载。Scratch 已经开发了 Windows 系统、苹果系统、Linux 系统下运行的各种版本。下面以 Windows 系统下运行的版本为例,讲解 Scratch 的下载与安装。

1.3.1 Scratch 的下载

在浏览器的地址栏中输入"https://scratch.mit.edu/download",然后按回车键,就进入 Scratch 的下载页面,如图 1.1 所示。

在下载页面中,单击"Scratch Offline Editor"(Scratch 离线编辑器)下方的 Windows 对应的"Download"(下载)超链接,会弹出"新建下载任务"对话框,如图 1.2 所示。

单击"下载"按钮,就会显示下载进度提示对话框,如图 1.3 所示。

下载成功后,就会在桌面上看到 Scratch 的安装文件,如图 1.4 所示。

第 1 章　Scratch 少儿趣味编程快速入门

图 1.1　Scratch 的下载页面　　图 1.2　"新建下载任务"对话框

图 1.3　下载进度提示对话框 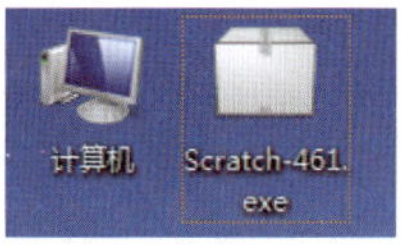　　图 1.4　Scratch 的安装文件

1.3.2　Scratch 的安装

　　Scratch 的安装文件下载成功后，就可以安装了。双击 Scratch 的安装文件，就会弹出"应用程序安装"对话框，如图 1.5 所示。

　　在这里可以设置 Scratch 的安装位置，一般采用默认设置。还可以设置在安装时，是否将快捷方式图标添加到桌面上，是否安装后启动应用程序。

图 1.5　"应用程序安装"对话框

　　选中"将快捷方式图标添加到桌面上"前面的复选框，即安装 Scratch 软件时，会将快捷方式图标添加到桌面上，然后单击"继续"按钮，就开始安装 Scratch 软件，并显示安装进度提示对话框，如图 1.6 所示。

　　安装完成后，会显示安装完成提示对话框，如图 1.7 所示。

图 1.6　安装进度提示对话框　　图 1.7　安装完成提示对话框

最后，单击"完成"按钮即可。

1.4　Scratch 操作界面与设置

按照前面的操作，成功安装 Scratch 软件后，就可以在桌面上看到其快捷方式图标，如图 1.8 所示。

双击 Scratch 快捷方式图标，就可以打开 Scratch 软件，其操作界面如图 1.9 所示。

图 1.8　Scratch 快捷方式图标

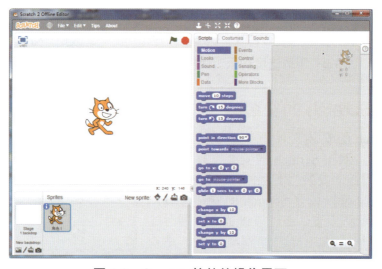

图 1.9　Scratch 软件的操作界面

1.4.1　设置显示 Scratch 的中文操作界面

默认情况下，Scratch 软件的菜单命令及积木命令都是英文的，为了方便学习，下面变成用中文显示。

第 1 章　Scratch 少儿趣味编程快速入门

单击菜单栏左侧的 按钮，弹出下拉菜单，这时在下拉菜单的下方有一个向下的箭头，将鼠标指针指向它，就可以显示下方未显示的菜单命令，然后找到"简体中文"菜单命令，单击该命令，这时 Scratch 的操作界面就变成中文的了，如图 1.10 所示。

图 1.10　Scratch 的中文操作界面

Scratch 软件与其他软件一样，由标题栏、菜单栏、工具栏、窗口组成，其中窗口又由 4 部分组成，分别是舞台区、角色区、积木代码区、脚本区，如图 1.11 所示。

图 1.11　Scratch 软件的组成部分

1.4.2 标题栏、菜单栏和工具栏

下面介绍 Scratch 软件的标题栏、菜单栏和工具栏。

1. 标题栏

标题栏显示当前应用程序名、文件名等。标题栏也包含程序图标、"最小化"、"最大化"、"还原"和"关闭"按钮，可以简单地对窗口进行操作。

2. 菜单栏

菜单栏是按照程序功能分组排列的按钮集合，在标题栏下方。Scratch 软件有 4 个菜单命令，分别是文件、编辑、提示和关于。

文件：利用文件命令，可以新建、打开、保存项目；还可以录制成视频、分享到网站、检查更新；也可以关闭 Scratch 软件，如图 1.12 所示。

编辑：利用编辑命令，可以撤销删除、小舞台布局，还可以设置加速模式，如图 1.13 所示。

图 1.12 "文件"菜单命令　　图 1.13 "编辑"菜单命令

> 提示：
> 单击"提示"菜单命令，就可以显示 Scratch 软件自带的编程实例，如图 1.14 所示。

图 1.14　Scratch 软件自带的编程实例

关于：单击"关于"菜单命令，就可以打开 Scratch 软件的官方网站，

第 1 章　Scratch 少儿趣味编程快速入门

看到有关 Scratch 软件的信息，如图 1.15 所示。

图 1.15　Scratch 软件的官方网站

3. 工具栏

Scratch 软件的工具栏有 5 个工具，分别是复制、删除、放大、缩小和积木说明，如图 1.16 所示。

复制按钮：利用该按钮，可以复制一个角色。

删除按钮：利用该按钮，可以删除一个角色。

放大按钮：利用该按钮，可以放大一个角色。

缩小按钮：利用该按钮，可以缩小一个角色。

图 1.16　工具栏

积木说明按钮：如果你对哪个积木指令不明白，可以单击积木说明按钮，再单击该积木指令，就可以看到其提示信息，在这里单击的是"移动 10 步"，如图 1.17 所示。

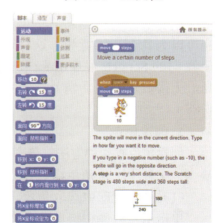

图 1.17　移动 10 步的提示信息

1.4.3　舞台区

舞台区就是 Scratch 程序的编辑和运行区域。Scratch 的舞台区是一个长方形，长为 480，宽为 360，其中（0,0）坐标在长方形的中心，如图 1.18 所示。

需要注意的是，在这个舞台区上，所有的数字都是没有单位的，也就是说，无论是 x 还是 y 的数值，我们不能用日常的单位去衡量，这个数字不是毫米，也不是像素，而是相对于舞台中心的一个对比值。

在舞台区的右下方，显示的 x 和 y 的值，就是相对于舞台中心（0,0）坐标的一个坐标值。

单击舞台区左上角的 按钮，就可以全屏显示舞台区，这时该按钮变成 。单击 按钮，舞台区退出全屏显示。

 按钮的右侧是 Scratch 程序文件名，默认为"Untitled"。

图 1.18　长方形舞台区

在舞台区的右上角有两个按钮， 按钮为运行程序按钮，即单击该按钮，就可以运行 Scratch 程序； 按钮为停止运行程序按钮，即单该按钮，就可以停止运行 Scratch 程序。

1.4.4　角色区

角色就是舞台上表演的演员。在 Scratch 程序中，角色可以是动物、植物、人物、物品，还可以是字母、交通工具等。另外，利用角色区，还可以为舞台添加背景，这样可以使我们的 Scratch 程序看起来更漂亮，更接近现实生活情景。角色区如图 1.19 所示。

图 1.19　角色区

1. 创建角色

创建角色有 4 种方法，分别是从角色库中选取角色 、绘制新角色 、从本地文件中上传角色 、拍摄照片当作角色 。

（1）从角色库中选取角色

单击从角色库中选取角色按钮 ，弹出"角色库"对话框，就可以看到很多角色，如图 1.20 所示。

在这里选中"Apple"角色，即苹果角色，然后单击"确定"按钮，就可以把苹果角色添加到舞台上，如图 1.21 所示。

这时在舞台上就可以看到苹果角色，然后就可以为苹果角色编写程序积木代码；在角色区也可以看到苹果角色，是用来选择苹果角色的，因为在为不同角色添加程序积木代码时，要先选中该角色；在脚本区也可以看到苹果角色，并且可以看到苹果角色在舞台中的坐标 x 和 y 值。

图1.20 "角色库"对话框

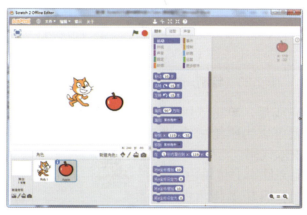

图1.21 把苹果角色添加到舞台上

（2）绘制新角色

单击绘制新角色按钮 ，即可进入造型绘制区域，如图1.22所示。

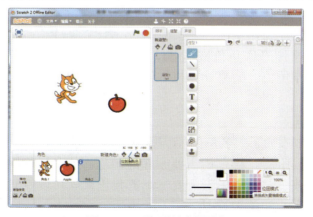

图1.22 造型绘制区域

在造型绘制区域，利用各种工具可以绘制位图角色。在这里单击画笔按钮，绘制一个2，这样就可以创建一个角色，如图1.23所示。

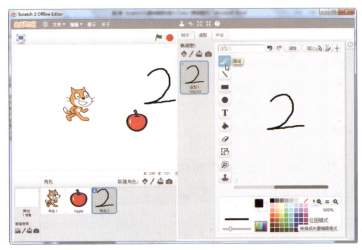

> **提醒：**
> 在造型绘制区域，绘制完位图后，角色会自动显示在舞台区和角色区。

图1.23　绘制一个2

角色绘制完成后，单击"脚本"选项卡，就可以为刚绘制的角色添加程序积木代码。

（3）从本地文件中上传角色

单击从本地文件中上传角色按钮，弹出相应对话框，选择要上传的图片，如图1.24所示。

单击"打开"按钮，就可以把选中的图片添加到舞台中，如图1.25所示。

图1.24　打开文件对话框

（4）拍摄照片当作角色

单击拍摄照片当作角色按钮，弹出"摄像头"对话框，就可以把拍摄的照片当作角色。如果计算机上没有安装摄像头，就会显示白色，如图1.26所示。

2. 管理角色

如果舞台中添加了太多角色，就需要管理，下面利用工具栏来管理角色。

单击删除按钮，再单击需要删除的角色，就可以删除角色。

单击复制按钮，再单击需要复制的角色，就可以复制角色。在这里复制了三个苹果，如图1.27所示。

第 1 章　Scratch 少儿趣味编程快速入门

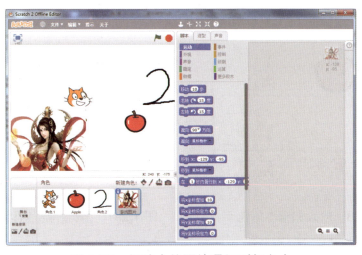

图 1.25　把选中的图片添加到舞台中

图 1.26　"摄像头"对话框

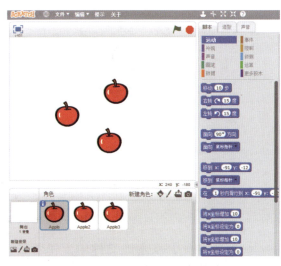

图 1.27　复制了三个苹果

单击放大按钮![]，再单击其中一个苹果角色，就可以放大角色。单击缩小按钮![]，再单击另一个苹果角色，就可以缩小角色，如图 1.28 所示。

3. 为舞台添加背景

为舞台添加背景有 4 种方法，分别是从背景库中选取背景![]、绘制新背景![]、从本地文件中上传背景![]、拍摄照片当作背景![]。

单击从背景库中选取背景按钮![]，弹出"背景库"对话框，可以看到很多舞台背景，如图 1.29 所示。

11

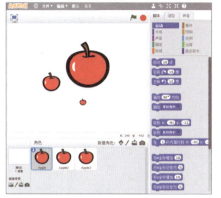
图 1.28　放大和缩小角色

图 1.29　"背景库"对话框

在这里选中"bedroom1"背景,然后单击"确定"按钮,就为舞台添加了背景,如图 1.30 所示。

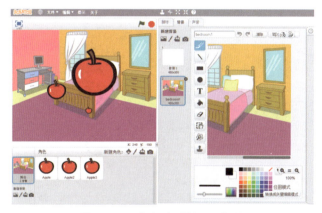
图 1.30　为舞台添加了背景

绘制新背景、从本地文件中上传背景、拍摄照片当作背景与上面介绍的方法几乎相同,这里不再赘述。

1.4.5 积木代码区

Scratch 设计者们把编程语言中需要用到的各种编程功能封装成一个一个的积木块儿,都存放在积木代码区。

积木代码模块有 8 个,分别是运动代码模块、外观代码模块、声音代码模块、画笔代码模块、事件代码模块、控制代码模块、侦测代码模块、运算模代码块,如图 1.31 所示。

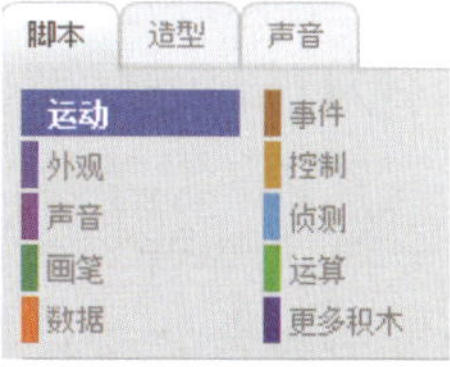

图 1.31　积木代码模块

第 1 章　Scratch 少儿趣味编程快速入门

积木代码模块是 Scratch 编程的重点，也是我们学习的重点，在后面章节会分别进行详细讲解。

1.4.6 脚本区

编写 Scratch 代码，就像搭建积木一样，从积木指令区把一段段代码拖动到脚本区，组合成一段段的运算代码，来操作角色完成各种功能。脚本区就是用来存放我们设计的算法规则的区域，如图 1.32 所示。

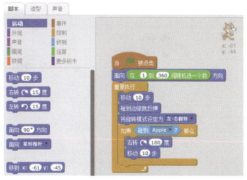

图 1.32　脚本区

1.5　第一个 Scratch 程序：小猫追足球

前面讲解了 Scratch 编程软件的基础知识和操作界面，下面来编写第一个 Scratch 程序：小猫追足球。

1.5.1 添加小猫和足球角色

（1）双击 Scratch 快捷方式图标，就可以打开 Scratch 软件。单击从角色库中选取角色按钮，弹出"角色库"对话框，单击其左侧的"动物"，选择"Cat2"，如图 1.33 所示。

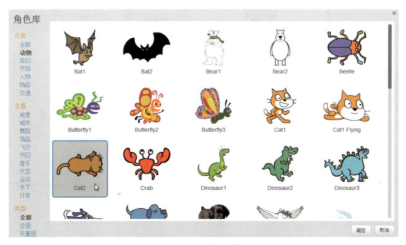

图 1.33　"角色库"对话框

13

（2）单击"确定"按钮，即可把"Cat2"添加到舞台中，如图1.34所示。

图1.34　把"Cat2"添加到舞台中

（3）再单击从角色库中选取角色按钮，弹出"角色库"对话框，选择"Ball-Soccer"，如图1.35所示。

图1.35　选择"Ball-Soccer"

（4）单击"确定"按钮，即可把"Ball-Soccer"添加到舞台中。

（5）由于"角色1"小猫在本例子中用不到，下面把它删除。选择角色区中的"角色1"，单击鼠标右键，在弹出的菜单中找到"删除"命令，如图1.36所示。

（6）单击"删除"命令，就可以删除"角色1"。

第 1 章 Scratch 少儿趣味编程快速入门

图 1.36　右键菜单

1.5.2 为足球添加积木代码

为足球添加积木代码，实现的功能是：当程序运行时（即单击 ▶ 按钮时），足球在舞台中来回滚动，碰到舞台边缘就返回并继续滚动。

（1）选择角色区中的"Ball-Soccer"，然后单击脚本中的"事件"，将鼠标指针指向 当 ▶ 被点击 ，按下鼠标左键拖动到脚本区，如图 1.37 所示。

图 1.37　拖动事件到脚本区

（2）单击脚本中的"运动"，将鼠标指针指向 移动 10 步 ，按下鼠标左键拖动到脚本区 当 ▶ 被点击 的下方，并把 移动 10 步 的向上凹槽对准 当 ▶ 被点击 的向下凸槽，如图 1.38 所示。

（3）这时单击舞台上方的 ▶ 按钮，会发现足球只移动一下。怎样才能让足球连续在舞台上滚动呢？这时要加上一个重复执行命令，即反复向前移动

15

10步。单击脚本中的"控制",将鼠标指针指向 重复执行 ,按下鼠标左键拖动到脚本区并让 重复执行 的向上凹槽对准 当▶被点击 的向下凸槽,如图1.39所示。

图1.38 移动10步积木代码

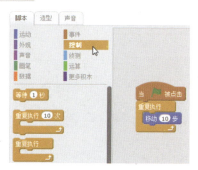

图1.39 重复执行积木代码

(4)这时单击舞台上方的▶按钮,就会发现足球不断滚动,但滚动到舞台边缘就不动了。

(5)单击脚本中的"运动",将鼠标指针指向 碰到边缘就反弹 ,按下鼠标左键拖动到脚本区并让其向上凹槽对准 移动 10 步 的向下凸槽,如图1.40所示。

(6)这时单击舞台上方的▶按钮,就发现足球不断滚动,且滚动到舞台边缘就返回并继续滚动,但足球是水平滚动的。下面添加积木代码实现足球任意角度滚动。

(7)单击脚本中的"运动",将鼠标指针指向 面向 90▼ 方向 ,按下鼠标左键拖动到脚本区并让其向上凹槽对准 当▶被点击 的向下凸槽,如图1.41所示。

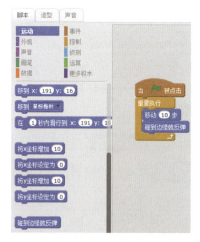

图1.40 碰到边缘就反弹积木代码

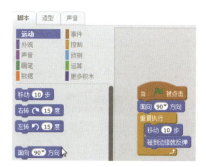

图1.41 面向90度方向积木代码

(8)单击脚本中的"运算",将鼠标指针指向 在 1 到 10 间随机选一个数,按下鼠标左键拖动到 面向 90 方向 的"90"白色框中,如图 1.42 所示。

(9)下面来改变 在 1 到 10 间随机选一个数 中的数字,单击"1",将其改为"0",单击"10",将其改为"360",这时单击舞台上方的 按钮,就发现足球可以任意角度滚动了,如图 1.43 所示。

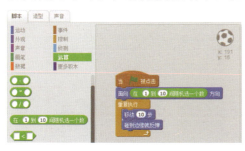

图 1.42 在 1 到 10 之间随机选一个数积木代码

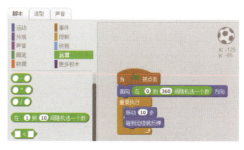

图 1.43 修改数字参数

(10)这样足球角色的代码就添加完毕了。

1.5.3 为小猫添加积木代码

为小猫添加积木代码,实现的功能是:当足球滚动时,小猫面向足球,并向足球运动,即小猫追足球。

(1)单击角色区中的"Cat2",然后单击脚本中的"事件",将鼠标指针指向 当 被点击,按下鼠标左键拖动到脚本区,如图 1.44 所示。

图 1.44 拖动事件到脚本区

（2）单击脚本中的"运动"，将鼠标指针指向 `面向 鼠标指针`，按下鼠标左键拖动到脚本区 `当▶被点击` 的下方，并把其向上凹槽对准 `当▶被点击` 的向下凸槽，如图1.45所示。

（3）单击 `面向 鼠标指针` 的下拉按钮，弹出下拉菜单，选择"Ball-Soccer"，即面向足球角色，如图1.46所示。

图1.45 面向鼠标指针积木代码

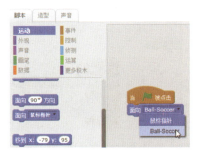
图1.46 选择"Ball-Soccer"

（4）为了让小猫在整个程序运行过程中，都面向足球角色，要添加重复执行命令。单击脚本中的"控制"，将鼠标指针指向 `重复执行`，按下鼠标左键拖动到脚本区并让其向上凹槽对准 `当▶被点击` 的向下凸槽，如图1.47所示。

（5）最后再添加一个 `移动 10 步`，让其向上凹槽对准 `面向 Ball-Soccer` 的向下凸槽，并修改步数为2步，如图1.48所示。

（6）这样小猫角色的代码就添加完毕了。

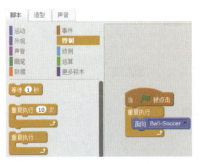
图1.47 重复执行积木代码

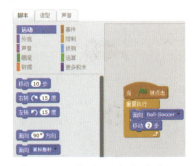
图1.48 移动2步积木代码

1.5.4 运行程序并保存

Scratch程序编写完后，单击舞台上方的 ▶ 按钮，就可以运行程序，

第 1 章　Scratch 少儿趣味编程快速入门

查看程序效果，即看到小猫追足球动画程序，如图 1.49 所示。

单击菜单栏中的"文件/另存为"命令，弹出"保存项目"对话框，设置文件名为"小猫追足球动画程序"，如图 1.50 所示。

图 1.49　小猫追足球动画程序的运行效果

图 1.50　"保存项目"对话框

单击"保存"按钮，即可保存 Scratch 程序。

Scratch 运动积木代码模块编程实例

所有运动积木代码都是用蓝色表示的。本章首先讲解运动积木代码的作用，接着通过两个实例，即复制小猫并随机显示其位置、随鼠标移动的蝴蝶来剖析讲解；然后讲解旋转积木代码的作用，接着通过实例：让我旋转多少度来剖析讲解；然后又讲解面向积木代码的作用，接着通过两个实例，即利用键盘控制甲壳虫的爬行、面向鼠标转动的箭头来剖析讲解；最后讲解其他运动积木代码的作用，接着通过实例：游来游去的鱼来剖析讲解。

2.1 移动积木代码的编程实例

移动积木代码有 3 个，分别是移动多少步、移动到舞台的具体坐标值、移动到鼠标指针，如图 2.1 所示。

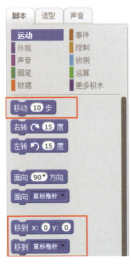

图 2.1 移动积木代码

2.1.1 移动积木代码的作用

移到 x:0 y:0 积木代码的作用是：当执行该积木代码时，选择的角色会移动到舞台的（0,0）坐标处。当然 x 和 y 是可以任意设置的，但 x 的范围是 -240～240；y 的范围是 -180～180。

将鼠标指针指向 移到 x:0 y:0，拖到脚本区，设置 x 为 120，设置 y 为 120，再单击该积木代码，就可以看到角色移动到舞台（120,120）处，如图 2.2 所示。

移动 10 步 积木代码的作用是：当执行该积木代码时，选择的角色会移动 10 步。当然移动多少步可以根据程序的需要来设置。

20

第 2 章　Scratch 运动积木代码模块编程实例

图 2.2　将角色移动到舞台（120,120）处

移到 鼠标指针 积木代码的作用是：当执行该积木代码时，选择的角色会移动到鼠标指针所在的位置。需要注意的是，这里有一个下拉按钮，单击该下拉按钮，可以选择移到随机位置，即当执行积木代码时，选择的角色会移动到一个随机位置。

2.1.2　实例：复制小猫并随机显示其位置

（1）双击 Scratch 快捷方式图标，就可以打开 Scratch 软件。选择角色区中的"角色 1"，然后单击脚本中的"事件"，将鼠标指针指向 当 被点击 ，按下鼠标左键拖动到脚本区，如图 2.3 所示。

图 2.3　把事件拖动到脚本区

（2）单击脚本中的"控制"，将鼠标指针指向 重复执行 10 次 ，按下鼠标左键拖动到脚本区并让其向上凹槽对准 当 被点击 的向下凸槽，如图 2.4 所示。

（3）单击"10"，将其改为"5"，即重复执行 5 次。

(4)单击脚本中的"画笔",将鼠标指针指向 图章,按下鼠标左键拖动到脚本区并让其向上凹槽对准 重复执行5次 的向下内凸槽,这样运行代码,就可以复制 5 只猫,如图 2.5 所示。

图 2.4　重复执行 10 次积木代码

图 2.5　图章积木代码

(5)下面来设置小猫的坐标位置,这里是利用随机数来设定的。单击脚本中的"运动",将鼠标指针指向 移到 x:0 y:0,按下鼠标左键拖动到脚本区并让其向上凹槽对准 图章 的向下凸槽,如图 2.6 所示。

(6)单击脚本中的"运算",将鼠标指针指向 在 1 到 10 间随机选一个数,按下鼠标左键拖动到"x"对应的白色框中,如图 2.7 所示。

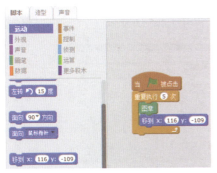

图 2.6　移动到 x、y 坐标位置的积木代码

图 2.7　在 1 到 10 之间随机选一个数积木代码

(7)单击"1",将其修改成"-200",单击"10",将其修改成"200"。

(8)同理,将鼠标指针指向 在 1 到 10 间随机选一个数,按下鼠标左键拖动到"y"对应的白色框中。修改"1"为"-160",修改"10"为"160"。

(9)最后还要添加一个清空积木代码,这样可以在每次运行时,舞台上都会有 6 只小猫(原来有 1 只,复制了 5 只,所以共 6 只)。注意:如果不添加,每运行一次程序,舞台上就增加 5 只小猫,这样运行多次,小猫会铺满舞台。

第2章　Scratch 运动积木代码模块编程实例

（10）单击脚本中的"画笔"，将鼠标指针指向 清空 ，按下鼠标左键拖动到脚本区并让其向上凹槽对准 当 ▶ 被点击 的向下凸槽，如图 2.8 所示。

（11）单击舞台上方的 ▶ 按钮，运行程序，就会复制 5 只小猫，并且猫的 x 和 y 坐标是随机产生的，这样每次运行程序，6 只小猫所在的位置都会不同，如图 2.9 所示。

图 2.8　清空积木代码

图 2.9　程序运行效果

（12）单击菜单栏中的"文件 / 保存"命令，保存程序的文件名为"复制小猫并随机显示其位置"。

2.1.3　实例：随鼠标移动的蝴蝶

（1）双击 Scratch 快捷方式图标，打开 Scratch 软件。单击从角色库中选取角色按钮 ，弹出"角色库"对话框，选择"Butterfly2"，如图 2.10 所示。

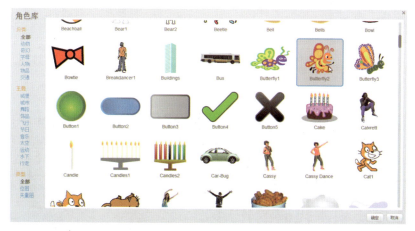

图 2.10　"角色库"对话框

（2）单击"确定"按钮，即可把"Butterfly2"添加到舞台中。

23

（3）由于"角色1"小猫在本例子中用不到，下面把它删除。选择角色区中的"角色1"，单击鼠标右键，在弹出的菜单中单击"删除"命令即可。

（4）单击脚本中的"事件"，将鼠标指针指向 当▣被点击 ，按下鼠标左键拖动到脚本区。

（5）单击脚本中的"控制"，将鼠标指针指向 重复执行 ，按下鼠标左键拖动到脚本区并让其向上凹槽对准 当▣被点击 的向下凸槽。

（6）单击脚本中的"运动"，将鼠标指针指向 移到 鼠标指针 ，按下鼠标左键拖动到脚本区并让其向上凹槽对准 重复执行 的向下内凸槽，如图2.11所示。

（7）单击舞台上方的 ▣ 按钮，运行程序，这时移动鼠标会发现，鼠标移动到哪里，蝴蝶就移动到哪里，如图2.12所示。

（8）单击菜单栏中的"文件/保存"命令，保存程序的文件名为"随鼠标移动的蝴蝶"。

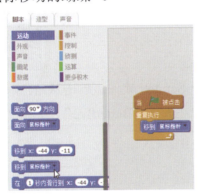

图2.11　积木代码

图2.12　程序运行效果

2.2　旋转积木代码的编程实例

旋转积木代码有2个，分别是右转多少度和左转多少度，如图2.13所示。

2.2.1　旋转积木代码的作用

右转 ↻ 15 度 积木代码的作用是：当执行该积木代码时，选择的角色会右转15度，即顺时针转15

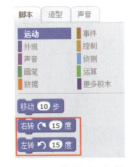

图2.13　旋转积木代码

度。当然度数可以修改，范围为 0～360。

积木代码的作用是：当执行该积木代码时，选择的角色会左转 15 度，即逆时针转 15 度。当然度数可以修改，范围为 0～360。

2.2.2 实例：让我旋转多少度

（1）双击 Scratch 快捷方式图标，打开 Scratch 软件。单击菜单栏中的"文件/保存"命令，保存程序的文件名为"让我旋转多少度"。

（2）单击脚本中的"事件"，将鼠标指针指向 当被点击 ，按下鼠标左键拖动到脚本区。

（3）单击脚本中的"侦测"，将鼠标指针指向 询问 What's your name? 并等待 ，按下鼠标左键拖动到脚本区并让其向上凹槽对准 当被点击 的向下凸槽，然后单击询问信息，修改为"让我旋转多少度？"，如图 2.14 所示。

图 2.14　询问并等待积木代码

（4）单击脚本中的"运动"，将鼠标指针指向 右转 15 度 ，按下鼠标左键拖动到脚本区并让其向上凹槽对准 询问 What's your name? 并等待 的向下凸槽。

（5）单击脚本中的"侦测"，将鼠标指针指向 回答 ，按下鼠标左键拖动到"15"的白色框中，如图 2.15 所示。

（6）单击舞台上方的 ▶ 按钮，运行程序，如图 2.16 所示。

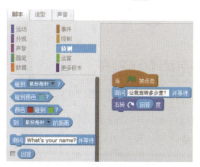

图 2.15　回答积木代码

图 2.16　程序运行效果

（7）在下面的文本框中输入"120"，即让小猫旋转120度，然后单击文本框右侧的按钮或按回车键，就可以看到旋转后的小猫效果，如图2.17所示。

2.3 面向积木代码的编程实例

面向积木代码有2个，分别是面向什么方向和面向鼠标指针，如图2.18所示。

图2.17 小猫旋转120度　　图2.18 面向积木代码

2.3.1 面向积木代码的作用

`面向 90▼方向` 积木代码的作用是：当执行该积木代码时，选择的角色会面向右方；如果把90改为"0"，选择的角色会面向上方；如果把90改为"-90"，选择的角色会面向左方；如果把90改为"180"，选择的角色会面向下方，如图2.19所示。

`面向 鼠标指针▼` 积木代码的作用是：当执行该　图2.19 面向方向积木代码
积木代码时，选择的角色会面向鼠标指针。

2.3.2 实例：利用键盘控制甲壳虫的爬行

（1）双击Scratch快捷方式图标，打开Scratch软件。单击菜单栏中的"文件/保存"命令，保存程序的文件名为"利用键盘控制甲壳虫的爬行"。

（2）单击从角色库中选取角色按钮，弹出"角色库"对话框，选择"Beetle"，如图2.20所示。

第 2 章　Scratch 运动积木代码模块编程实例

图 2.20　"角色库"对话框

（3）单击"确定"按钮，即可把"Beetle"添加到舞台中。

（4）由于"角色 1"小猫在本例子中用不到，下面把它删除。选择角色区中的"角色 1"，单击鼠标右键，在弹出的菜单中单击"删除"命令即可。

（5）单击脚本中的"事件"，将鼠标指针指向 当按下 空格 键 ，按下鼠标左键拖动到脚本区。

（6）单击"空格"下拉按钮，弹出下拉菜单，选择"上移键"，如图 2.21 所示。这样 Scratch 程序运行后，按下键盘上的"↑"键，就可以执行其下的代码了。

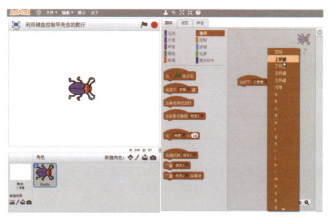

图 2.21　选择"上移键"

（7）单击脚本中的"运动"，将鼠标指针指向 面向 90 方向 ，按下鼠标左键拖动到脚本区并让其向上凹槽对准 当按下 上移键 的向下凸槽。接着修改"90"为"0"，即按"上移键"，甲壳虫首先面向上方，如图 2.22 所示。

（8）单击脚本中的"运动"，将鼠标指针指向 移动10步，按下鼠标左键拖动到脚本区并让其向上凹槽对准 面向0°方向 的向下凸槽。接着修改"10"为"6"，如图2.23所示。

图2.22　面向方向积木代码　　　图2.23　移动多少步积木代码

（9）再添加一个 当按下空格键，修改键为"下移键"；然后在其下添加 面向90°方向，并修改"90"为"180"；最后再添加一个 移动10步，修改"10"为"6"，如图2.24所示。

（10）添加"左移键"事件及代码，需要注意的是，面向角度为"-90"，如图2.25所示。

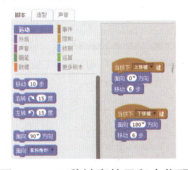

图2.24　下移键事件及积木代码　　　图2.25　左移键事件及积木代码

（11）添加"右移键"事件及代码，需要注意的是，面向角度为"90"，如图2.26所示。

（12）单击舞台上方的 ▶ 按钮，运行程序，按下键盘上的"↑"键，甲壳虫首先面向上方，然后向上移动6步，并且随后每按下一次"↑"键，都会向上移动6步，如图2.27所示。

（13）按下键盘上的"↓"键，甲壳虫首先面向下方，然后向下移动6步，并且随后每按下一次"↓"键，都会向下移动6步。

第 2 章　Scratch 运动积木代码模块编程实例

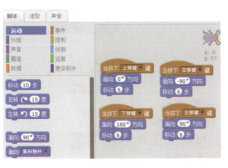

图 2.26　右移键事件及积木代码

图 2.27　按下"↑"键动画效果

（14）按下键盘上的"→"键，甲壳虫首先面向右方，然后向右移动 6 步，并且随后每按下一次"→"键，都会向右移动 6 步。

（15）按下键盘上的"←"键，甲壳虫首先面向左方，然后向左移动 6 步，并且随后每按下一次"←"键，都会向左移动 6 步。

2.3.3　实例：面向鼠标转动的箭头

（1）双击 Scratch 快捷方式图标，打开 Scratch 软件。单击菜单栏中的"文件/保存"命令，保存程序的文件名为"面向鼠标转动的箭头"。

（2）单击从角色库中选取角色按钮 ，弹出"角色库"对话框，选择"Arrow1"，如图 2.28 所示。

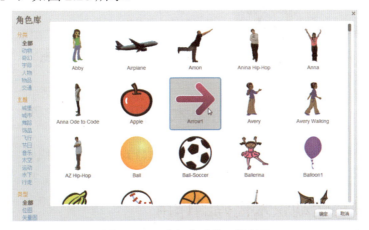

图 2.28　"角色库"对话框

（3）单击"确定"按钮，即可把"Arrow1"添加到舞台中。

（4）由于"角色 1"小猫在本例子中用不到，下面把它删除。选择角色区中的"角色 1"，单击鼠标右键，在弹出的菜单中单击"删除"命令即可。

(5)单击脚本中的"事件",将鼠标指针指向 , 按下鼠标左键拖动到脚本区。

(6)单击脚本中的"控制",将鼠标指针指向 , 按下鼠标左键拖动到脚本区并让其向上凹槽对准 的向下凸槽。

(7)单击脚本中的"运动",将鼠标指针指向 , 按下鼠标左键拖动到脚本区并让其向上凹槽对准 的向下内凸槽,如图2.29所示。

(8)单击舞台上方的 按钮,运行程序,会发现鼠标移动时,箭头就转向鼠标,如图2.30所示。

图2.29 积木代码

图2.30 程序运行效果

2.4 其他运动积木代码的编程实例

前面讲解了移动积木代码、旋转积木代码、面向积木代码,下面讲解其他运动积木代码。

2.4.1 其他运动积木代码的作用

积木代码的作用是:当执行该积木代码时,选择的角色会在1秒内滑行到舞台的(0,0)坐标位置。当然可以根据程序实际情况设定秒数和具体坐标值。

积木代码的作用是:当执行该积木代码时,选择的角色的

第 2 章 Scratch 运动积木代码模块编程实例

x 坐标增加 10。当然可以根据程序实际情况设置增加的具体值。

`将x坐标设定为 0` 积木代码的作用是：当执行该积木代码时，选择的角色的 x 坐标为 0。当然可以根据程序实际情况设置 x 坐标的值。

`将y坐标增加 10` 积木代码的作用是：当执行该积木代码时，选择的角色的 y 坐标增加 10。当然可以根据程序实际情况设置增加的具体值。

`将y坐标设定为 0` 积木代码的作用是：当执行该积木代码时，选择的角色的 y 坐标为 0。当然可以根据程序实际情况设置 y 坐标的值。

`碰到边缘就反弹` 积木代码的作用是：当执行该积木代码时，选择的角色当碰到舞台边缘时，就会反向运行。

`将旋转模式设定为 左-右翻转` 积木代码的作用是：当执行该积木代码时，选择的角色的旋转方式为左-右翻转。单击其下拉按钮，弹出下拉菜单，如图 2.31 所示。

在这里可以看出旋转方式还有两种，分别是不旋转和任意。

图 2.31 下拉菜单

`x 坐标` 积木代码的作用是：如果选中其前面的复选框，那么就会在舞台中显示角色的 x 坐标值。如果不选中其前面的复选框，就不会在舞台中显示角色的 x 坐标值，默认为不选中。

`y 坐标` 积木代码的作用是：如果选中其前面的复选框，那么就会在舞台中显示角色的 y 坐标值。如果不选中其前面的复选框，就不会在舞台中显示角色的 y 坐标值，默认为不选中。

`方向` 积木代码的作用是：如果选中其前面的复选框，那么就会在舞台中显示角色的面向方向。如果不选中其前面的复选框，就不会在舞台中显示角色的面向方向，默认为不选中。

2.4.2 实例：游来游去的鱼

（1）双击 Scratch 快捷方式图标，就可以打开 Scratch 软件。单击菜单栏中的"文件/保存"命令，保存程序的文件名为"游来游去的鱼"。

（2）为了让我们的 Scratch 程序漂亮，下面来添加背景。单击从背景库中选择背景按钮，弹出"背景库"对话框，如图 2.32 所示。

（3）在这里选择"underwater3"，然后单击"确定"按钮，这时 Scratch 程序的背景就变成了"underwater3"图片，如图 2.33 所示。

（4）单击从角色库中选取角色按钮，弹出"角色库"对话框，单击左侧的"水下"，再按下键盘上的"Shift"键，分别选择"Fish3"和"Shark"，如图 2.34 所示。

31

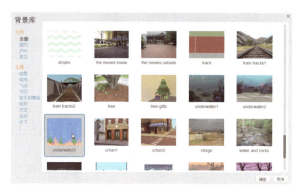
图 2.32 "背景库"对话框

图 2.33 添加背景

（5）单击"确定"按钮，就可以把两个角色添加到舞台中。

（6）由于"角色1"小猫在本例子中用不到，下面把它删除。选择角色区中的"角色1"，单击鼠标右键，在弹出的菜单中单击"删除"命令即可。

（7）为了更好地表达动画效果，要缩小两个角色。单击工具栏中的缩小按钮，分别单击舞台中的"Fish3"和"Shark"，即可缩小两个角色，如图 2.35 所示。

图 2.34 选择两个角色

图 2.35 缩小两个角色

（8）添加积木代码。选择角色"Fish3"，单击脚本中的"事件"，将鼠标指针指向 当 被点击 ，按下鼠标左键拖动到脚本区。

（9）单击脚本中的"控制"，将鼠标指针指向 重复执行 ，按下鼠标左键拖动到脚本区并让其向上凹槽对准 当 被点击 的向下凸槽。

（10）单击脚本中的"运动"，将鼠标指针指向 移动 10 步 ，按下鼠标左键

第 2 章　Scratch 运动积木代码模块编程实例

拖动到脚本区并让其向上凹槽对准 `重复执行` 的向下内凸槽。接着修改"10"为"5"。

（11）将鼠标指针指向 `碰到边缘就反弹`，按下鼠标左键拖动到脚本区并让其向上凹槽对准 `移动 10 步` 的向下凸槽。

（12）将鼠标指针指向 `将旋转模式设定为 左-右翻转`，按下鼠标左键拖动到脚本区并让其向上凹槽对准 `碰到边缘就反弹` 的向下凸槽，如图 2.36 所示。

（13）单击舞台上方的 ▶ 按钮，运行程序，会发现小鱼碰到舞台边缘后，进行了左-右翻转，这是符合现实情况的，如图 2.37 所示。

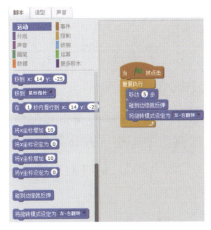
图 2.36　积木代码

图 2.37　左-右翻转效果

（14）如果把旋转模式设定为"不旋转"，这时会发现小鱼碰到舞台边缘后，直接倒游回去，不符合现实情况，如图 2.38 所示。

（15）如果把旋转模式设定为"任意"，这时会发现小鱼碰到舞台边缘后，身子倒过来游了，不符合现实情况，如图 2.39 所示。

图 2.38　小鱼倒游回去

图 2.39　小鱼身子倒过来游

(16)选中 x坐标、y坐标、方向 前面的复选框,就可以看到小鱼在舞台上的x、y及面向信息,如图2.40所示。

图2.40　显示x、y及面向信息

(17)聪明的小朋友会发现,小鱼只在水平方向游动,不符合实际情况。将鼠标指针指向 面向90°方向,按下鼠标左键拖动到脚本区并让其向上凹槽对准 当▷被点击 的向下凸槽。接着修改"90"为"30",这时效果如图2.41所示。

图2.41　改变小鱼游动方向

(18)添加代码,实现碰到角色"Shark",就快速游走。单击脚本中的"控制",将鼠标指针指向 如果　那么,按下鼠标左键拖动到脚本区并让其向上凹槽对准 将旋转模式设定为 左-右翻转 的向下凸槽。

(19)单击脚本中的"侦测",将鼠标指针指向 碰到 鼠标指针 ?,按下鼠标左键拖动到"如果"后面的六边形中,然后单击下拉按钮,修改"鼠标指针"为"Shark",如图 2.42 所示。

(20)单击脚本中的"运动",将鼠标指针指向 在 1 秒内滑行到x: 158 y: 153,按下鼠标左键拖动到脚本区并让其向上凹槽对准 如果 那么 的向下内凸槽。接着修改"x"和"y"的值都为"160"。

(21)将鼠标指针指向 右转 15 度,按下鼠标左键拖动到脚本区并让其向上凹槽对准 在 1 秒内滑行到 x: 160 y: 160 的向下凸槽,然后修改角度为 135 度,如图 2.43 所示。

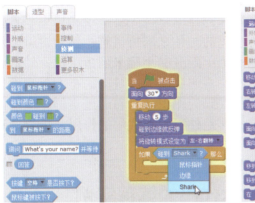

图 2.42　修改"鼠标指针"为"Shark"

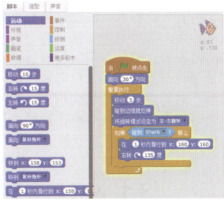

图 2.43　积木代码

(22)单击舞台上方的 ▶ 按钮,运行程序,小鱼会自由地游来游去,但一旦碰到大鲨鱼,就会快速地移开,如图 2.44 所示。

图 2.44　游来游去的鱼程序效果

第 3 章

Scratch 外观积木代码模块编程实例

所有外观积木代码都是用紫色表示的。本章首先讲解说和思考积木代码的作用，接着通过实例：两个潜水员的对话来剖析讲解；然后讲解显示和隐藏积木代码的作用，接着通过实例：隐藏的小猫来剖析讲解；然后讲解造型与背景切换积木代码的作用，接着通过实例：跳舞的小女孩来剖析讲解；然后讲解特效与大小变化积木代码的作用，接着通过实例：文字的特效动画效果来剖析讲解；最后讲解其他外观积木代码的作用，接着通过实例：空中飞人来剖析讲解。

3.1 说和思考积木代码的编程实例

说积木代码有 2 个，分别是说什么并等待几秒说的内容消失和说什么并且内容一直显示；思考积木代码也有 2 个，分别是思考什么并等待几秒思考内容消失和思考什么并且内容一直显示，如图 3.1 所示。

3.1.1 说和思考积木代码的作用

图 3.1　说和思考积木代码

`说 Hello! 2 秒` 积木代码的作用是：当执行该积木代码时，选择的角色会说 "Hello" 并等待 2 秒说的内容消失。当然可以根据程序实际情况设定秒数和具体说什么。

`说 Hello!` 积木代码的作用是：当执行该积木代码时，选择的角色会说 "Hello"。当然可以根据程序实际情况设定具体说什么。

`思考 Hmm... 2 秒` 积木代码的作用是：当执行该积木代码时，选择的角色会心里默默地思考"Hmm..."并等待 2 秒思考的内容消失。当然可以根据程序实际情况设定秒数和具体思考什么。

思考 Hmm... 积木代码的作用是：当执行该积木代码时，选择的角色会心里默默地思考"Hmm..."。当然可以根据程序实际情况设定思考什么。

3.1.2 实例：两个潜水员的对话

（1）双击 Scratch 快捷方式图标，打开 Scratch 软件。单击菜单栏中的"文件/保存"命令，保存程序的文件名为"两个潜水员的对话"。

（2）为了让我们的 Scratch 程序更漂亮，下面来添加背景。单击从背景库中选择背景按钮，弹出"背景库"对话框，如图 3.2 所示。

（3）在这里选择"underwater2"，然后单击"确定"按钮，这时 Scratch 程序的背景就变成了"underwater2"图片，如图 3.3 所示。

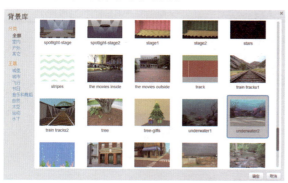
图 3.2　"背景库"对话框

图 3.3　添加背景

（4）由于"角色 1"小猫在本例子中用不到，下面把它删除。选择角色区中的"角色 1"，单击鼠标右键，在弹出的菜单中单击"删除"命令即可。

（5）单击从角色库中选取角色按钮，弹出"角色库"对话框，单击左侧的"水下"，再按下键盘上的"Shift"键，分别选择"Diver1"和"Diver2"，如图 3.4 所示。

（6）单击"确定"按钮，就可以把两个角色添加到舞台中，如图 3.5 所示。

（7）下面来调整角色"Diver2"的方向。选择角色"Diver2"，单击"造型"选项卡，然后单击左右翻转按钮，这时效果如图 3.6 所示。

（8）下面来添加积木代码，实现两个潜水员的对话。选择角色"Diver1"，然后单击"脚本"选项卡，再单击脚本中的"事件"，将鼠标指针指向 当 被点击 ，按下鼠标左键拖动到脚本区。

图 3.4　选择两个角色

图 3.5　把两个角色添加到舞台中

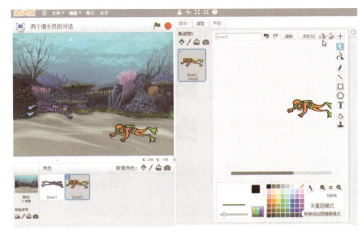

图 3.6　左右翻转

（9）单击脚本中的"外观"，将鼠标指针指向 说 Hello! 2 秒 ，按下鼠标左键拖动到脚本区并让其向上凹槽对准 当 ▶ 被点击 的向下凸槽，然后修改"Hello!"为"您好！"。

（10）为了能让角色"Diver2"听到，要广播一下。单击脚本中的"事件"，将鼠标指针指向 广播 消息1▼ ，按下鼠标左键拖动到脚本区并让其向上凹槽对准 说 您好！ 2 秒 的向下凸槽，然后单击其下拉按钮，弹出下拉菜单，如图 3.7 所示。

（11）单击下拉菜单中的"新消息"命令，弹出"新消息"对话框，然后输入"您好！"，如图 3.8 所示。

（12）设置好后，单击"确定"按钮即可。这样角色"Diver1"说的话，角色"Diver2"就能听到了。

第3章 Scratch外观积木代码模块编程实例

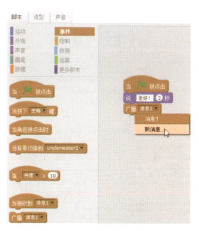

图3.7 下拉菜单

图3.8 "新消息"对话框

（13）选择角色"Diver2"，单击脚本中的"事件"，将鼠标指针指向 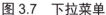，按下鼠标左键拖动到脚本区。

（14）单击脚本中的"外观"，将鼠标指针指向 说 Hello! 2 秒 ，按下鼠标左键拖动到脚本区并让其向上凹槽对准 当接收到 您好! 的向下凸槽，然后修改"Hello!"为"您好！什么事？"。

（15）单击舞台上方的 ▶ 按钮，运行程序，首先Diver1说"您好！"，等2秒后Diver2说"您好！什么事？"，如图3.9所示。

图3.9 运行程序效果

（16）为了能让角色"Diver1"听到角色"Diver2"说的这句话，也要广播一下。单击脚本中的"事件"，将鼠标指针指向 广播 消息1 ，按下鼠标左键拖动到脚本区并让其向上凹槽对准 说 您好!什么事? 2 秒 的向下凸槽，然后单击其下拉按钮，在弹出的菜单中单击"新消息"命令，弹出"新消息"

对话框，然后输入"您好！什么事？"，如图 3.10 所示。

（17）设置好后，单击"确定"按钮即可。这样角色"Diver2"说的话，角色"Diver1"就能听到了，如图 3.11 所示。

图 3.10 "新消息"对话框   图 3.11 积木代码

（18）当角色"Diver1"听到"您好！什么事？"时，会说"麻烦问一下，到海岸边还有多远？"，具体实现代码如图 3.12 所示。

图 3.12 角色"Diver1"说"麻烦问一下，到海岸边还有多远？"的实现代码

（19）当角色"Diver2"听到"麻烦问一下，到海岸边还有多远？"时，首先会思考 2 秒，然后再说"到海岸边有 300 多米远。"，具体实现代码如图 3.13 所示。

第 3 章　Scratch 外观积木代码模块编程实例

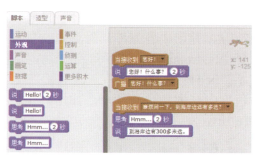

图 3.13　先思考再说话的实现代码

（20）单击舞台上方的 ▶ 按钮，运行程序，就可以看到两个人的对话，如图 3.14 所示。

图 3.14　两个人的对话

3.2　显示和隐藏积木代码的编程实例

前面讲了说和思考积木代码，下面来讲解显示和隐藏积木代码。

3.2.1　显示和隐藏积木代码的作用

显示 积木代码的作用是：当执行该积木代码时，选择的角色会显示出来。
隐藏 积木代码的作用是：当执行该积木代码时，选择的角色会隐藏起来。

3.2.2　实例：隐藏的小猫

（1）双击 Scratch 快捷方式图标，打开 Scratch 软件。单击菜单栏中的"文件/保存"命令，保存程序的文件名为"隐藏的小猫"。

（2）为了让我们的 Scratch 程序更漂亮，下面来添加背景。单击从背景库中选择背景按钮，弹出"背景库"对话框，如图 3.15 所示。

（3）在这里选择"bedroom1"，然后单击"确定"按钮，这时 Scratch 程序的背景就变成了"bedroom1"图片。

（4）单击从角色库中选取角色按钮，弹出"角色库"对话框，选择"Ruby"，如图 3.16 所示。

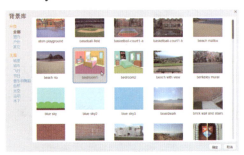 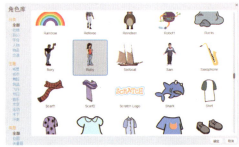

图 3.15　"背景库"对话框　　　　图 3.16　"角色库"对话框

（5）设置好后，单击"确定"按钮，就把"Ruby"角色添加到了舞台中，如图 3.17 所示。

（6）下面来添加积木代码。选择角色"角色1"，单击脚本中的"事件"，将鼠标指针指向 当▶被点击，按下鼠标左键拖动到脚本区。

（7）单击脚本中的"外观"，将鼠标指针指向 说 Hello! 2秒，按下鼠标左键拖动到脚本区并让其向上凹槽对准 当▶被点击 的向下凸槽，然后修改"Hello!"为"我要隐藏了！"。

（8）将鼠标指针指向 隐藏，按下鼠标左键拖动到脚本区并让其向上凹槽对准 说 我要隐藏了！ 2秒 的向下凸槽，如图 3.18 所示。

图 3.17　把"Ruby"角色添加到舞台中　　　图 3.18　积木代码

第 3 章　Scratch 外观积木代码模块编程实例

（9）单击舞台上方的 ▶ 按钮，运行程序，小猫先说"我要隐藏了！"，然后 2 秒后就隐藏起来了，如图 3.19 所示。

（10）选择角色"Ruby"，单击脚本中的"事件"，将鼠标指针指向 当▶被点击，按下鼠标左键拖动到脚本区。

（11）因为程序运行 2 秒后，小猫才隐藏，所以"Ruby"要先等待 2 秒后，再说"小猫去哪里了？"，积木代码如图 3.20 所示。

（12）下面再添加积木代码，让小猫再显示出来。选择角色"角色 1"，然后添加积木代码，如图 3.21 所示。

图 3.19　程序运行效果

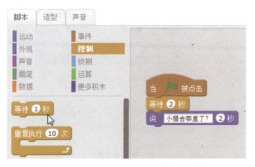

图 3.20　Ruby 角色的积木代码

图 3.21　角色 1 的积木代码

（13）单击舞台上方的 ▶ 按钮，运行程序，运行效果如图 3.22 所示。

图 3.22　程序运行效果

3.3　造型与背景切换积木代码的编程实例

造型切换积木代码有 2 个，分别是将造型切换为某个具体造型、下一个造型；背景切换积木代码只有 1 个，即将背景切换为某个具体背景，如图 3.23 所示。

3.3.1 造型与背景切换积木代码的作用

将造型切换为 造型2 积木代码的作用是：当执行该积木代码时，选择的角色会自动切换到"造型 2"。当然如果一个角色（Buildings）有多个造型，单击下拉按钮，可以选择其他造型，如图 3.24 所示。

图 3.23　造型与背景切换积木代码

图 3.24　角色的多个造型

下一个造型 积木代码的作用是：当执行该积木代码时，选择的角色会自动切换到下一个造型。

将背景切换为 背景1 积木代码的作用是：当执行该积木代码时，背景会自动切换到"背景 1"。需要注意的是，利用该积木代码需要有多个背景。

3.3.2 实例：跳舞的小女孩

（1）双击 Scratch 快捷方式图标，打开 Scratch 软件。单击菜单栏中的"文件/保存"命令，保存程序的文件名为"跳舞的小女孩"。

（2）为了让我们的 Scratch 程序更漂亮，下面来添加背景。单击从背景库中选择背景按钮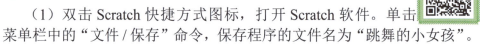，弹出"背景库"对话框，如图 3.25 所示。

（3）在这里选择"spotlight-stage"，然后单击"确定"按钮，这时 Scratch 程序的背景就变成了"spotlight-stage"图片。

（4）由于"角色 1"小猫在本例子中用不到，下面把它删除。选择角色区中的"角色 1"，单击鼠标右键，在弹出的菜单中单击"删除"命令即可。

（5）单击从角色库中选取角色按钮，弹出"角色库"对话框，选择"Ballerina"，如图 3.26 所示。

（6）单击"确定"按钮，就把角色"Ballerina"添加到了舞台上，这时单击"造型"选项卡，就可以看到小女孩的 4 个造型，如图 3.27 所示。

第3章　Scratch 外观积木代码模块编程实例

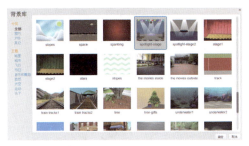

图3.25　"背景库"对话框

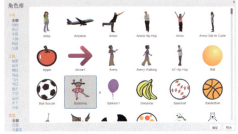

图3.26　"角色库"对话框

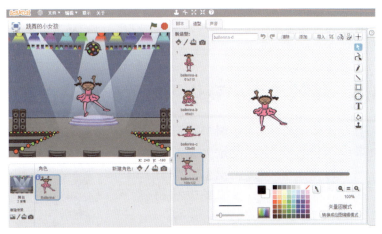

图3.27　小女孩的4个造型

（7）下面给角色"Ballerina"添加代码，显示跳舞动作。单击脚本中的"事件"，将鼠标指针指向 当 被点击 ，按下鼠标左键拖动到脚本区。

（8）单击脚本中的"控制"，将鼠标指针指向 重复执行 ，按下鼠标左键拖动到脚本区并让其向上凹槽对准 当 被点击 的向下凸槽。

（9）单击脚本中的"外观"，将鼠标指针指向 下一个造型 ，按下鼠标左键拖动到脚本区并让其向上凹槽对准 重复执行 的向下内凸槽。

（10）单击脚本中的"控制"，将鼠标指针指向 等待 1 秒 ，按下鼠标左键拖动到脚本区并让其向上凹槽对准 下一个造型 的向下凸槽，并修改时间为0.6秒，这时积木代码如图3.28所示。

（11）单击舞台上方的 按钮，运行程序，就可以看到跳舞的小女孩的动画效果，如图3.29所示。

45

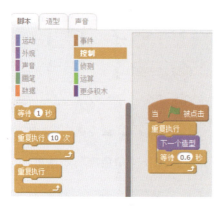

图 3.28 积木代码

图 3.29 跳舞的小女孩动画效果

3.4 特效与大小变化积木代码的编程实例

特效积木代码有 3 个，分别是将什么特效增加多少、将什么特效设定为多少、清除所有图形特效。大小变化积木代码有 2 个，分别是将角色的大小增加多少和将角色的大小设定为多少，如图 3.30 所示。

3.4.1 特效与大小变化积木代码的作用

图 3.30 特效与大小变化积木代码

`将 颜色 特效增加 25` 积木代码的作用是：当执行该积木代码时，选择角色的颜色就增加 25。当然可以根据程序实际情况设定特效增加多少。另外单击其下拉按钮，即可弹出下拉菜单，如图 3.31 所示。在这里可以看到特效有 7 个，分别是颜色、鱼眼、旋转、像素化、马赛克、亮度和虚像。

图 3.31 下拉菜单

`将 颜色 特效设定为 0` 积木代码的作用是：当执行该积木代码时，选择角色的颜色特效设定为 0。当然可以根据程序实际情况设定特效的值。

`清除所有图形特效` 积木代码的作用是：当执行该积木代码时，选择角色的特效全部清除。

第 3 章　Scratch 外观积木代码模块编程实例

`将角色的大小增加 10` 积木代码的作用是：当执行该积木代码时，选择角色的大小增加 10。当然可以根据程序实际情况设定角色的大小增加值。

`将角色的大小设定为 100` 积木代码的作用是：当执行该积木代码时，选择角色的大小设定为 100。当然可以根据程序实际情况设定角色大小的值。

3.4.2 实例：文字的特效动画效果

（1）双击 Scratch 快捷方式图标，就可以打开 Scratch 软件。单击菜单栏中的"文件/保存"命令，保存程序的文件名为"文字的特效动画效果"。

（2）为了让我们的 Scratch 程序更漂亮，下面来添加背景。单击从背景库中选择背景按钮，弹出"背景库"对话框，如图 3.32 所示。

（3）在这里选择"hearts2"，然后单击"确定"按钮，这时 Scratch 程序的背景就变成了"hearts2"图片。

（4）由于"角色 1"小猫在本例子中用不到，下面把它删除。选择角色区中的"角色 1"，单击鼠标右键，在弹出的菜单中单击"删除"命令即可。

（5）单击从角色库中选取角色按钮，弹出"角色库"对话框，选择"Balloon1"，如图 3.33 所示。

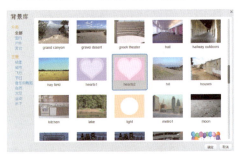

图 3.32　"背景库"对话框

图 3.33　"角色库"对话框

（6）再添加 birthday 这个单词的 8 个字母角色。单击从角色库中选取角色按钮，弹出"角色库"对话框，按下键盘上的"Shift"键，选择"B"、"I"、"R"、"T"、"H"、"D"、"A"、"Y"，如图 3.34 所示。

（7）单击"确定"按钮，就可以把 8 个角色添加到舞台上，然后调整它们的位置，如图 3.35 所示。

（8）下面来添加积木代码。选择角色"Balloon1"，单击脚本中的"事件"，将鼠标指针指向 `当角色被点击时`，按下鼠标左键拖动到脚本区。

47

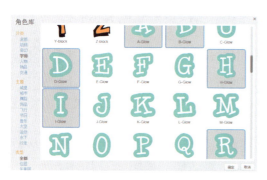
图3.34 "角色库"对话框

图3.35 调整8个字母角色的位置

（9）单击脚本中的"控制"，将鼠标指针指向 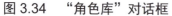，按下鼠标左键拖动到脚本区并让其向上凹槽对准 当角色被点击时 的向下凸槽，并修改重复执行次数为6，如图3.36所示。

（10）单击脚本中的"外观"，将鼠标指针指向 将 颜色 特效增加 25，按下鼠标左键拖动到脚本区并让其向上凹槽对准 重复执行 6 次 的向下内凸槽。

（11）单击脚本中的"控制"，将鼠标指针指向 等待 1 秒，按下鼠标左键拖动到脚本区并让其向上凹槽对准 将 颜色 特效增加 25 的向下凸槽。

（12）最后单击脚本中的"外观"，将鼠标指针指向 将 颜色 特效设定为 0，按下鼠标左键拖动到脚本区并让其向上凹槽对准 重复执行 6 次 的向下外凸槽，如图3.37所示。

图3.36 添加重复执行积木代码

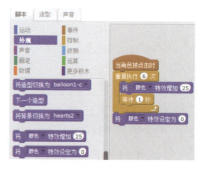
图3.37 积木代码

第 3 章　Scratch 外观积木代码模块编程实例

（13）单击舞台上方的▶按钮，运行程序，然后单击舞台上的角色"Balloon1"，这时就可以看到其不断变色的效果，如图 3.38 所示。

图 3.38　不断变色的效果

（14）选择角色"Balloon1"，然后将鼠标指针指向脚本区中的积木代码，单击鼠标右键，弹出右键菜单，如图 3.39 所示。

图 3.39　右键菜单

（15）在右键菜单中，单击"复制"命令，复制所有积木代码，然后单击角色区中的"B"角色，这样就把积木代码复制到了"B"角色上，如图 3.40 所示。

（16）下面来修改"B"角色上的代码，把"颜色"特效改成"鱼眼"特效，如图 3.41 所示。

（17）单击舞台上方的▶按钮，运行程序，然后单击舞台上的角色"B"，这时就可以看到其不断变化的鱼眼效果，如图 3.42 所示。

49

图3.40 把积木代码复制到"B"角色上

图3.41 把"颜色"特效改成"鱼眼"特效　　图3.42 不断变化的鱼眼效果

（18）选择角色"B"，然后将鼠标指针指向脚本区中的积木代码，单击鼠标右键，在弹出的右键菜单中单击"复制"命令，然后单击角色"I"，就把积木代码添加到了角色"I"上。

（19）下面来修改"I"角色上的代码，把"鱼眼"特效改成"旋转"特效。

（20）单击舞台上方的▶按钮，运行程序，然后单击舞台上的角色"I"，这时就可以看到其不断变化的旋转效果，如图3.43所示。

（21）选择角色"I"，然后将鼠标指针指向脚本区中的积木代码，单击鼠标右键，在弹出的右键菜单中单击"复制"命令，然后单击角色"R"，就把积木代码添加到了角色"R"上。

（22）下面来修改"R"角色上的代码，把"旋转"特效改成"像素化"特效。

第 3 章　Scratch 外观积木代码模块编程实例

图 3.43　不断变化的旋转效果

（23）单击舞台上方的 ▶ 按钮，运行程序，然后单击舞台上的角色"R"，这时就可以看到其不断变化的像素化效果，如图 3.44 所示。

图 3.44　不断变化的像素化效果

（24）选择角色"R"，然后将鼠标指针指向脚本区中的积木代码，单击鼠标右键，在弹出的右键菜单中单击"复制"命令，然后单击角色"T"，就把积木代码添加到了角色"T"上。

（25）下面来修改"T"角色上的代码，把"像素化"特效改成"马赛克"特效。

（26）单击舞台上方的 ▶ 按钮，运行程序，然后单击舞台上的角色"T"，这时就可以看到其不断变化的马赛克效果，如图 3.45 所示。

51

图 3.45　不断变化的马赛克效果

（27）选择角色"T"，然后将鼠标指针指向脚本区中的积木代码，单击鼠标右键，在弹出的右键菜单中单击"复制"命令，然后单击角色"H"，就把积木代码添加到了角色"H"上。

（28）下面来修改"H"角色上的代码，把"马赛克"特效改成"亮度"特效。

（29）单击舞台上方的 ▶ 按钮，运行程序，然后单击舞台上的角色"H"，这时就可以看到其不断变化的亮度效果，如图 3.46 所示。

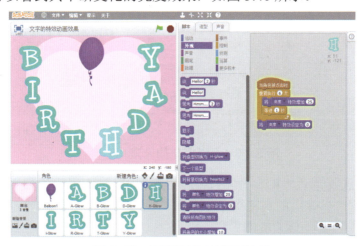

图 3.46　不断变化的亮度效果

（30）选择角色"H"，然后将鼠标指针指向脚本区中的积木代码，单击鼠标右键，在弹出的右键菜单中单击"复制"命令，然后单击角色"D"，

第 3 章　Scratch 外观积木代码模块编程实例

就把积木代码添加到了角色"D"上。

（31）下面来修改"D"角色上的代码，把"亮度"特效改成"虚像"特效。

（32）单击舞台上方的 ▶ 按钮，运行程序，然后单击舞台上的角色"D"，这时就可以看到其不断变化的虚像效果，如图 3.47 所示。

图 3.47　不断变化的虚像效果

（33）选择角色"A"，单击脚本中的"事件"，将鼠标指针指向 当角色被点击时 ，按下鼠标左键拖动到脚本区。

（34）单击脚本中的"控制"，将鼠标指针指向 重复执行 10 次 ，按下鼠标左键拖动到脚本区并让其向上凹槽对准 当角色被点击时 的向下凸槽。

（35）单击脚本中的"外观"，将鼠标指针指向 将角色的大小增加 10 ，按下鼠标左键拖动到脚本区并让其向上凹槽对准 重复执行 10 次 的向下内凸槽。

（36）单击脚本中的"控制"，将鼠标指针指向 等待 1 秒 ，按下鼠标左键拖动到脚本区并让其向上凹槽对准 将角色的大小增加 10 的向下凸槽，并设置等待时间为 0.1 秒。

（37）最后单击脚本中的"外观"，将鼠标指针指向 将角色的大小设定为 100 ，按下鼠标左键拖动到脚本区并让其向上凹槽对准 重复执行 10 次 的向下外凸槽，如图 3.48 所示。

（38）单击舞台上方的 ▶ 按钮，运行程序，然后单击舞台上的角色"A"，这时就可以看到其不断变大的效果，如图3.49所示。

图3.48　角色"A"的积木代码

图3.49　不断变大的效果

（39）选择角色"A"，然后将鼠标指针指向脚本区中的积木代码，单击鼠标右键，在弹出的右键菜单中单击"复制"命令，然后单击角色"Y"，就把积木代码添加到了角色"Y"上。

（40）下面来修改"Y"角色上的代码，将角色的大小增加为–10。

（41）单击舞台上方的 ▶ 按钮，运行程序，然后单击舞台上的角色"Y"，这时就可以看到其不断变小的效果，如图3.50所示。

图3.50　不断变小的效果

3.5　其他外观积木代码的编程实例

前面讲解了说积木代码、思考积木代码、显示积木代码、隐藏积木代码、造型切换积木代码、背景切换积木代码、特效积木代码、大小变化积木代码，下面来讲解其他外观积木代码。

3.5.1 其他外观积木代码的作用

[移至最上层]积木代码的作用是：当执行该积木代码时，选择角色会自动移至最上层。该积木代码运用在多个角色同时在舞台上显示时。

[下移①层]积木代码的作用是：当执行该积木代码时，选择角色会自动下移一层。当然可以根据程序实际情况设定下移的层数。

[造型编号]积木代码的作用是：如果选中其前面的复选框，那么就会在舞台中显示角色的造型编号。如果不选中其前面的复选框，就不会在舞台中显示角色的造型编号，默认为不选中。

[背景名称]积木代码的作用是：如果选中其前面的复选框，那么就会在舞台中显示背景名称。如果不选中其前面的复选框，就不会在舞台中显示背景名称，默认为不选中。

[大小]积木代码的作用是：如果选中其前面的复选框，那么就会在舞台中显示角色的大小。如果不选中其前面的复选框，就不会在舞台中显示角色的大小，默认为不选中。

3.5.2 实例：空中飞人

（1）双击 Scratch 快捷方式图标，就可以打开 Scratch 软件。单击菜单栏中的"文件/保存"命令，保存程序的文件名为"空中飞人"。

（2）为了让我们的 Scratch 程序漂亮，下面来添加背景。单击从背景库中选择背景按钮，弹出"背景库"对话框，如图 3.51 所示。

（3）在这里选择"blue sky"，然后单击"确定"按钮，这时 Scratch 程序的背景就变成了"blue sky"图片。

（4）由于"角色1"小猫在本例子中用不到，下面把它删除。选择角色区中的"角色1"，单击鼠标右键，在弹出的菜单中单击"删除"命令即可。

（5）单击从角色库中选取角色按钮，弹出"角色库"对话框，选择"Champ99"和"Clouds"，如图 3.52 所示。

（6）单击"确定"按钮，就可以把两个角色添加到舞台上。

（7）下面来添加积木代码。单击"Champ99"角色，单击脚本中的"事件"，将鼠标指针指向[当▶被点击]，按下鼠标左键拖动到脚本区。

（8）单击脚本中的"控制"，将鼠标指针指向[重复执行]，按下鼠标左键拖动到脚本区并让其向上凹槽对准[当▶被点击]的向下凸槽。

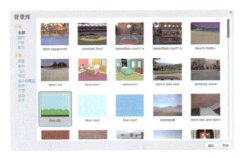

图 3.51 "背景库"对话框

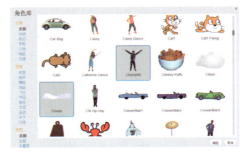

图 3.52 "角色库"对话框

（9）单击脚本中的"运动"，将鼠标指针指向 ，按下鼠标左键拖动到脚本区并让其向上凹槽对准 的向下凸槽，然后修改坐标为 250。

（10）单击脚本中的"控制"，将鼠标指针指向 ，按下鼠标左键拖动到脚本区并让其向上凹槽对准 的向下凸槽，然后修改重复执行次数为 100。

（11）单击脚本中的"运动"，将鼠标指针指向 ，按下鼠标左键拖动到脚本区并让其向上凹槽对准 的向下内凸槽，然后设定 x 坐标增加值为 -5，这时积木代码如图 3.53 所示。

（12）选择角色"Champ99"，然后将鼠标指针指向脚本区中的积木代码，单击鼠标右键，在弹出的右键菜单中单击"复制"命令，然后单击角色"Clouds"，就把积木代码添加到了角色"Clouds"上，如图 3.54 所示。

图 3.53 积木代码

图 3.54 复制粘贴积木代码

第 3 章　Scratch 外观积木代码模块编程实例

（13）为了保证角色"Champ99"始终处在"Clouds"上方，要添一个 移至最上层 积木代码放在角色"Champ99"的 当▶被点击 的向下凸槽处，如图 3.55 所示。

（14）为了保证更好的动画效果，还要再添加一个程序运行时造型变化效果，这部分代码前面已讲过，这里不再赘述，具体积木代码如图 3.56 所示。

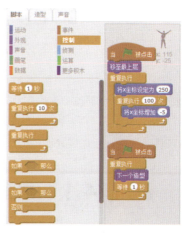

图 3.55　角色"Champ99"的移至最上层积木代码　　　图 3.56　角色"Champ99"的最终积木代码

（15）选择为角色"Champ99"刚编写的积木代码，然后将鼠标指针指向脚本区中的积木代码，单击鼠标右键，在弹出的右键菜单中单击"复制"命令，然后单击角色"Clouds"，就把积木代码添加到了角色"Clouds"上。

（16）单击舞台上方的 ▶ 按钮，运行程序，就可以看到空中飞人效果，如图 3.57 所示。

 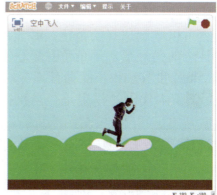

图 3.57　空中飞人效果

57

Scratch 画笔积木代码模块编程实例

所有画笔积木代码都是用绿色表示的。本章首先讲解画笔积木代码的作用，接着通过 4 个实例，即绘制台阶、小爬虫绘制六边形动画、图章的应用、彩色画笔，进行剖析讲解。

4.1 画笔积木代码的作用

画笔积木代码有 11 个，分别是清空、图章、落笔、抬笔、将画笔颜色设定为什么颜色、将画笔颜色增加多少、将画笔颜色设定为多少、将画笔亮度增加多少、将画笔亮度设定为多少、将画笔粗细增加多少、将画笔粗细设定为多少，如图4.1所示。

清空积木代码的作用是：当执行该积木代码时，舞台上所有画笔所画内容全部清空。

图章积木代码的作用是：当执行该积木代码时，就可以复制选择的角色，并显示在舞台上。需要注意的是，图章是角色在舞台上留下的暂时影像，既不能移动也不能拥有脚本。

落笔积木代码的作用是：当执行该积木代码时，就开始在舞台上绘制图形角色。

抬笔积木代码的作用是：当执行该积木代码时，就结束在舞台上绘制图形角色。

将画笔颜色设定为积木代码的作用是：当执行该积木代码时，就可以设置画笔颜色为某种颜色。

图 4.1　画笔积木代码

第4章 Scratch 画笔积木代码模块编程实例

`将画笔颜色增加 10` 积木代码的作用是：当执行该积木代码时，就可以将画笔颜色增加 10。当然可以根据程序实际情况设定具体增加值。

`将画笔颜色设定为 0` 积木代码的作用是：当执行该积木代码时，就可以将画笔颜色设定为 0。在 Scratch 中将每一种颜色赋予一个特定的编号，比如 0 代表红色，70 代表绿色，130 代表蓝色，等等。

`将画笔亮度增加 10` 积木代码的作用是：当执行该积木代码时，就可以将画笔亮度增加 10。当然可以根据程序实际情况设定具体增加值。

`将画笔亮度设定为 50` 积木代码的作用是：当执行该积木代码时，就可以将画笔亮度设定为 50。当然可以根据程序实际情况设定具体值。

`将画笔粗细增加 1` 积木代码的作用是：当执行该积木代码时，就可以将画笔粗细增加 1。当然可以根据程序实际情况设定具体增加值。

`将画笔粗细设定为 1` 积木代码的作用是：当执行该积木代码时，就可以将画笔粗细设定为 1。当然可以根据程序实际情况设定具体值。

4.2 实例：绘制台阶

（1）双击 Scratch 快捷方式图标，就可以打开 Scratch 软件。单击菜单栏中的"文件/保存"命令，保存程序的文件名为"绘制台阶"。

（2）由于"角色 1"小猫在本例子中用不到，下面把它删除。选择角色区中的"角色 1"，单击鼠标右键，在弹出的菜单中单击"删除"命令即可。

（3）单击从角色库中选取角色按钮，弹出"角色库"对话框，选择角色"Pencil"，如图 4.2 所示。

（4）单击"确定"按钮，就可以把角色添加到舞台上。然后单击"造型"选项卡，接着单击设置造型中心按钮，调整"Pencil"的中心为笔尖，如图 4.3 所示。

（5）接下来添加积木代码。选择角色"Pencil"，然后单击"脚本"选项卡，再单击脚本中的"事件"，将鼠标指针指向 `当 被点击`，按下鼠标左键拖动到脚本区。

（6）单击脚本中的"画笔"，将鼠标指针指向 `清空`，按下鼠标左键拖动到脚本区并让其向上凹槽对准 `当 被点击` 的向下凸槽。

（7）将鼠标指针指向 `抬笔`，按下鼠标左键拖动到脚本区并让其向上凹槽对准 `清空` 的向下凸槽。

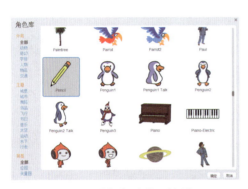

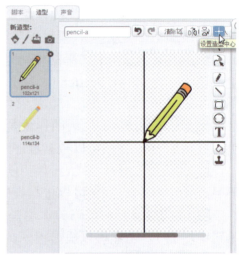

图4.2 "角色库"对话框　　　　图4.3 调整造型中心

（8）将鼠标指针指向 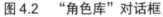，按下鼠标左键拖动到脚本区并让其向上凹槽对准 抬笔 的向下凸槽。

（9）将鼠标指针指向 将画笔粗细设定为 1，按下鼠标左键拖动到脚本区并让其向上凹槽对准 将画笔颜色设定为 的向下凸槽，并设置画笔粗细为3。

（10）单击脚本中的"运动"，将鼠标指针指向 移到 x:0 y:0，按下鼠标左键拖动到脚本区并让其向上凹槽对准 将画笔粗细设定为 3 的向下凸槽，然后设置 x 坐标为 -180，设置 y 坐标为 140，如图4.4所示。

这样，绘制台阶的准备工作就做好了，即设置好画笔的颜色、粗细及画笔开始画的位置。

（11）单击脚本中的"画笔"，将鼠标指针指向 落笔，按下鼠标左键拖动到脚本区并让其向上凹槽对准 移到 x:-180 y:140 的向下凸槽。

（12）单击脚本中的"控制"，将鼠标指针指向 重复执行 10 次，按下鼠标左键拖动到脚本区并让其向上凹槽对准 落笔 的向下凸槽。

（13）单击脚本中的"运动"，将鼠标指针指向 移动 10 步，按下鼠标左键拖动到脚本区并让其向上凹槽对准 重复执行 10 次 的向下内凸槽，并设置移动步数为40，如图4.5所示。

（14）将 y 坐标增加 -20。单击脚本中的"运动"，将鼠标指针指向 将y坐标增加 10，按下鼠标左键拖动到脚本区并让其向上凹槽对准 移动 40 步 的

第 4 章　Scratch 画笔积木代码模块编程实例

向下凸槽，并将 y 坐标增加 -20，如图 4.6 所示。

图 4.4　积木代码

图 4.5　移动步数积木代码

图 4.6　绘制台阶的最终积木代码

（15）单击舞台上方的 ▶ 按钮，运行程序，就会在舞台上绘制台阶，如图 4.7 所示。

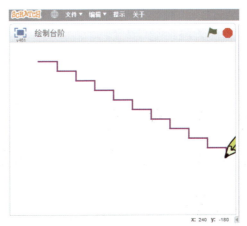
图 4.7　绘制台阶

4.3　实例：小爬虫绘制六边形动画

（1）双击 Scratch 快捷方式图标，就可以打开 Scratch 软件。单击菜单栏中的"文件 / 保存"命令，保存程序的文件名为"小爬虫绘制六边形动画"。

（2）由于"角色 1"小猫在本例中用不到，下面把它删除。选择角色区中的"角色 1"，单击鼠标右键，在弹出的菜单中单击"删除"命令即可。

(3) 单击从角色库中选取角色按钮，弹出"角色库"对话框，选择角色"Ladybug1"，如图 4.8 所示。

(4) 单击"确定"按钮，就可以把角色添加到舞台上。

(5) 接下来添加积木代码。选择角色"Ladybug1"，然后单击"脚本"选项卡，再单击脚本中的"事件"，将鼠标指针指向 当 被点击 ，按下鼠标左键拖动到脚本区。

(6) 单击脚本中的"画笔"，将鼠标指针指向 清空 ，按下鼠标左键拖动到脚本区并让其向上凹槽对准 当 被点击 的向下凸槽。

(7) 将鼠标指针指向 抬笔 ，按下鼠标左键拖动到脚本区并让其向上凹槽对准 清空 的向下凸槽。

(8) 将鼠标指针指向 将画笔粗细设定为 1 ，按下鼠标左键拖动到脚本区并让其向上凹槽对准 抬笔 的向下凸槽，然后设置画笔粗细为 5。

(9) 单击脚本中的"运动"，将鼠标指针指向 移到 x: 0 y: 0 ，按下鼠标左键拖动到脚本区并让其向上凹槽对准 将画笔粗细设定为 5 的向下凸槽，然后设置 x 坐标为 −90，设置 y 坐标为 −100。

(10) 将鼠标指针指向 面向 90▼ 方向 ，按下鼠标左键拖动到脚本区并让其向上凹槽对准 移到 x: -90 y: -100 的向下凸槽，如图 4.9 所示。

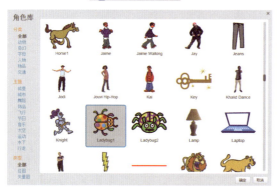

图 4.8 "角色库"对话框　　图 4.9 为绘图准备的积木代码

这样，绘制图形的准备工作就做好了，即设置好画笔的粗细及画笔开始画的位置。

(11) 单击脚本中的"控制"，将鼠标指针指向 重复执行 10 次 ，按下鼠标左键拖动到脚本区并让其向上凹槽对准 面向 90▼ 方向 的向下凸槽，然后修改重复执行为 6 次。

第 4 章　Scratch 画笔积木代码模块编程实例

> 提醒：这里绘制六边形，所以重复执行 6 次，如果绘制四边形，就要重复执行 4 次，即绘制几边形，就重复执行几次。

（12）单击脚本中的"画笔"，将鼠标指针指向 落笔 ，按下鼠标左键拖动到脚本区并让其向上凹槽对准 重复执行 6 次 的向下内凸槽。

（13）单击脚本中的"控制"，将鼠标指针指向 重复执行 10 次 ，按下鼠标左键拖动到脚本区并让其向上凹槽对准 落笔 的向下凸槽，然后修改重复执行为 60 次。

（14）单击脚本中的"画笔"，将鼠标指针指向 将画笔颜色设定为 0 ，按下鼠标左键拖动到脚本区并让其向上凹槽对准 重复执行 60 次 的向下内凸槽。

（15）在这里要绘制彩色六边形，所以设置画笔颜色为绘制图形的 y 坐标。单击脚本中的"运动"，将鼠标指针指向 y 坐标 ，按下鼠标左键拖动到 将画笔颜色设定为 0 的白色框中。

（16）单击脚本中的"运动"，将鼠标指针指向 移动 10 步 ，按下鼠标左键拖动到脚本区并让其向上凹槽对准 将画笔颜色设定为 y 坐标 的向下凸槽，然后设置移动步数为 2。

（17）将鼠标指针指向 左转 15 度 ，按下鼠标左键拖动到脚本区并让其向上凹槽对准 重复执行 60 次 的向下外凸槽，然后设置左转度数为 60 度，如图 4.10 所示。

> 提醒：这里因为是六边形，所以要旋转 60 度，即边数×旋转的度数=360 度。如果要绘制十边形，那么旋转的角度就为 36 度。

（18）单击舞台上方的 ▶ 按钮，运行程序，就可以看到小爬虫绘制六边形动画，如图 4.11 所示。

图 4.10　最终积木代码

图 4.11　小爬虫绘制六边形动画

63

4.4 实例：图章的应用

（1）双击 Scratch 快捷方式图标，就可以打开 Scratch 软件。单击菜单栏中的"文件/保存"命令，保存程序的文件名为"图章的应用"。

（2）下面来添加积木代码。选择角色"角色1"，然后单击"脚本"选项卡，再单击脚本中的"事件"，将鼠标指针指向 `当 被点击`，按下鼠标左键拖动到脚本区。

（3）单击脚本中的"画笔"，将鼠标指针指向 `清空`，按下鼠标左键拖动到脚本区并让其向上凹槽对准 `当 被点击` 的向下凸槽。

（4）单击脚本中的"运动"，将鼠标指针指向 `移到 x: 0 y: 0`，按下鼠标左键拖动到脚本区并让其向上凹槽对准 `清空` 的向下凸槽，然后设置 x 坐标为 90，设置 y 坐标为 178。

（5）单击脚本中的"外观"，将鼠标指针指向 `将角色的大小设定为 100`，按下鼠标左键拖动到脚本区并让其向上凹槽对准 `移到 x: 90 y: 178` 的向下凸槽。

（6）单击脚本中的"控制"，将鼠标指针指向 `重复执行 10 次`，按下鼠标左键拖动到脚本区并让其向上凹槽对准 `将角色的大小设定为 100` 的向下凸槽。

（7）单击脚本中的"运动"，将鼠标指针指向 `移动 10 步`，按下鼠标左键拖动到脚本区并让其向上凹槽对准 `重复执行 10 次` 的向下内凸槽，然后设置移动步数为 60。

（8）将鼠标指针指向 `右转 15 度`，按下鼠标左键拖动到脚本区并让其向上凹槽对准 `移动 60 步` 的向下凸槽，然后设置旋转度数为 25 度。

（9）单击脚本中的"画笔"，将鼠标指针指向 `图章`，按下鼠标左键拖动到脚本区并让其向上凹槽对准 `右转 25 度` 的向下凸槽。

（10）单击脚本中的"外观"，将鼠标指针指向 `将角色的大小增加 10`，按下鼠标左键拖动到脚本区并让其向上凹槽对准 `图章` 的向下凸槽，然后设置将角色的大小增加 -10，如图 4.12 所示。

（11）单击舞台上方的 按钮，运行程序，效果如图 4.13 所示。

图 4.12 积木代码

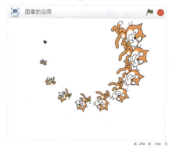

图 4.13 图章的应用

第 4 章　Scratch 画笔积木代码模块编程实例

4.5　实例：彩色画笔

（1）双击 Scratch 快捷方式图标，就可以打开 Scratch 软件。单击菜单栏中的"文件/保存"命令，保存程序的文件名为"彩色画笔"。

（2）由于"角色 1"小猫在本例子中用不到，下面把它删除。选择角色区中的"角色 1"，单击鼠标右键，在弹出的菜单中单击"删除"命令即可。

（3）单击从角色库中选取角色按钮，弹出"角色库"对话框，选择角色"Pencil"，如图 4.14 所示。

（4）单击"确定"按钮，就可以把角色添加到舞台上。然后单击"造型"选项卡，接着单击设置造型中心按钮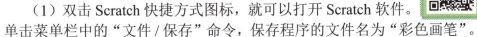，调整"Pencil"的中心为笔尖，如图 4.15 所示。

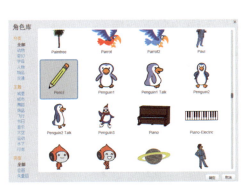

图 4.14　"角色库"对话框

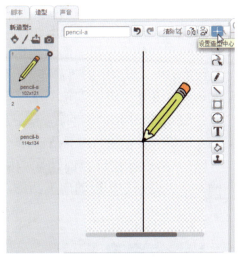

图 4.15　调整造型中心

（5）接下来添加积木代码。选择角色"Pencil"，然后单击"脚本"选项卡，再单击脚本中的"事件"，将鼠标指针指向 当▶被点击 ，按下鼠标左键拖动到脚本区。

（6）单击脚本中的"画笔"，将鼠标指针指向 清空 ，按下鼠标左键拖动到脚本区并让其向上凹槽对准 当▶被点击 的向下凸槽。

（7）将鼠标指针指向 抬笔 ，按下鼠标左键拖动到脚本区并让其向上凹槽对准 清空 的向下凸槽。

（8）将鼠标指针指向 将画笔颜色设定为 ，按下鼠标左键拖动到脚本区并让其向上凹槽对准 抬笔 的向下凸槽。

65

（9）将鼠标指针指向 `将画笔粗细设定为 1`，按下鼠标左键拖动到脚本区并让其向上凹槽对准 `将画笔颜色设定为` 的向下凸槽，然后设置画笔粗细为3。

（10）单击脚本中的"控制"，将鼠标指针指向 `重复执行`，按下鼠标左键拖动到脚本区并让其向上凹槽对准 `将画笔粗细设定为 3` 的向下凸槽。

（11）单击脚本中的"运动"，将鼠标指针指向 `移到 鼠标指针`，按下鼠标左键拖动到脚本区并让其向上凹槽对准 `重复执行` 的向下凸槽。

（12）单击脚本中的"控制"，将鼠标指针指向 `如果 那么 否则`，按下鼠标左键拖动到脚本区并让其向上凹槽对准 `移到 鼠标指针` 的向下凸槽。

（13）单击脚本中的"运动"，将鼠标指针指向 `鼠标键被按下?`，按下鼠标左键拖动到"如果"后面的六边形中，如图4.16所示。

（14）单击脚本中的"画笔"，将鼠标指针指向 `落笔`，按下鼠标左键拖动到脚本区并让其向上凹槽对准"如果"下面的向下凸槽。

（15）将鼠标指针指向 `将画笔颜色增加 10`，按下鼠标左键拖动到脚本区并让其向上凹槽对准 `落笔` 的向下凸槽。

（16）将鼠标指针指向 `抬笔`，按下鼠标左键拖动到脚本区并让其向上凹槽对准"否则"下面的向下凸槽，如图4.17所示。

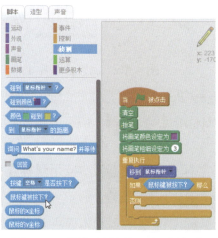
图4.16　鼠标键被按下积木代码

图4.17　最终积木代码

（17）单击舞台上方的 ▶ 按钮，运行程序，按下鼠标左键，就可以绘制彩色图形，如图4.18所示。

第 4 章　Scratch 画笔积木代码模块编程实例

（18）下面添加代码，实现绘制图形越来越粗。单击脚本中的"画笔"，将鼠标指针指向 `将画笔粗细增加 1`，按下鼠标左键拖动到脚本区并让其向上凹槽对准 `将画笔颜色增加 10` 的向下凸槽。

（19）单击舞台上方的 🏁 按钮，运行程序，按下鼠标左键，就可以绘制彩色图形，如图 4.19 所示。

图 4.18　绘制彩色图形　　　　图 4.19　绘制的图形越来越粗

第5章 Scratch 声音积木代码模块编程实例

所有声音积木代码都是用玫瑰紫色表示的。本章首先讲解声音积木代码的作用，接着通过实例：带有声音的游来游去的鱼来剖析讲解；然后讲解弹奏鼓声和音符积木代码的作用，接着通过实例：架子鼓与萨克斯来剖析讲解；最后讲解其他声音积木代码的作用，接着通过实例：音乐会来剖析讲解。

5.1 声音积木代码的编程实例

声音积木代码有3个，分别是播放声音、播放声音直到播放完毕、停播所有声音，如图5.1所示。

5.1.1 声音积木代码的作用

`播放声音 喵` 积木代码的作用是：当执行该积木代码时，就会播放声音"喵"。当然可以根据程序实际需要选择播放的声音。单击其下拉按钮，弹出下拉菜单，如图5.2所示。

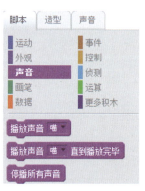

图5.1 声音积木代码

图5.2 下拉菜单

单击"录音"菜单命令，就会打开"声音"选项面板，如图5.3所示。

利用"声音"选项面板，可以从声音库中选取声音、录制新声音、从本地文件中上传声音。

（1）从声音库中选取声音

单击从声音库中选取声音按钮，弹出"声音库"对话框，就可以选择不同的声音文件，如图5.4所示。

第 5 章　Scratch 声音积木代码模块编程实例

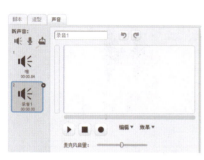

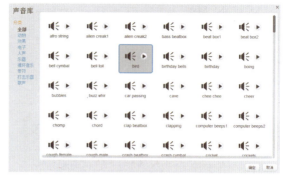

图 5.3　"声音"选项面板　　　　　图 5.4　"声音库"对话框

在这里选择"bird"，即小鸟叫声，然后单击"确定"按钮，就可以在"声音"选项面板中看到该文件，如图 5.5 所示。

单击▶按钮，可以播放声音文件。单击■按钮，可以停止播放声音文件。

单击"编辑"菜单，弹出下一级子菜单，就可以对声音文件进行编辑，如复制、粘贴等，如图 5.6 所示。

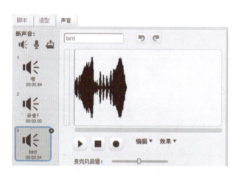

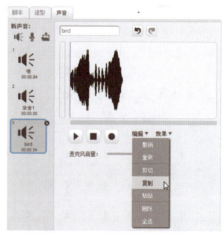

图 5.5　小鸟叫声声音文件　　　　图 5.6　编辑声音文件

单击"效果"菜单，弹出下一级子菜单，就可以为声音添加效果，如淡入、淡出、响一点、轻一点等，如图 5.7 所示。

（2）录制新声音

单击录制新声音按钮，就可以新建一个录音文件，然后单击●按钮，可以录制新声音。

（3）从本地文件中上传声音

单击从本地文件中上传声音按钮，弹出"打开文件"对话框，即可选择要上传的声音文件。

69

`播放声音 喵 直到播放完毕` 积木代码的作用是：当执行该积木代码时，就会播放声音"喵"，并且直到播放完毕。

`停播所有声音` 积木代码的作用是：当执行该积木代码时，就会停播所有声音。

5.1.2 实例：带有声音的游来游去的鱼

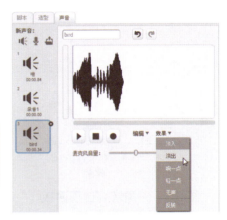

图 5.7 为声音添加效果

（1）双击 Scratch 快捷方式图标，就可以打开 Scratch 软件。单击菜单栏中的"文件/打开"命令，打开第 2 章创建的"游来游去的鱼"动画程序，下面为该文件添加声音。

（2）单击菜单栏中的"文件/保存"命令，保存程序的文件名为"带有声音的游来游去的鱼"。

（3）下面来添加声音。单击"声音"选项卡，弹出"声音库"对话框，选择"chomp"和"bubbles"，如图 5.8 所示。"chomp"为"格格地咬牙"的声音，"bubbles"为"冒水泡"的声音。

（4）单击"确定"按钮，就可以把两个声音文件显示在"声音"选项面板中，如图 5.9 所示。

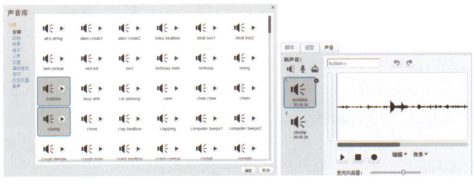

图 5.8 "声音库"对话框　　　图 5.9 显示两个声音文件

（5）单击"脚本"选项卡，再单击脚本中的"声音"，将鼠标指针指向 `播放声音 chomp`，按下鼠标左键拖动到脚本区并让其向上凹槽对准

的向下内凸槽，如图 5.10 所示。

第 5 章　Scratch 声音积木代码模块编程实例

图 5.10　添加"播放声音"积木代码

（6）单击舞台上方的 ▶ 按钮，运行程序，游来游去的鱼碰到鲨鱼时，就会发出"格格地咬牙"声音。

（7）下面再添加积木代码，实现程序运行时，反复播放冒水泡的声音。单击脚本中的"事件"，将鼠标指针指向 [当▶被点击]，按下鼠标左键拖动到脚本区。

（8）单击脚本中的"控制"，将鼠标指针指向 [重复执行]，按下鼠标左键拖动到脚本区并让其向上凹槽对准 [当▶被点击] 的向下凸槽。

（9）单击脚本中的"声音"，将鼠标指针指向 [播放声音 chomp▼ 直到播放完毕]，按下鼠标左键拖动到脚本区并让其向上凹槽对准 [重复执行] 的向下凸槽，然后修改播放声音为"bubbles"。

（10）单击脚本中的"控制"，将鼠标指针指向 [等待 ❶ 秒]，按下鼠标左键拖动到脚本区并让其向上凹槽对准 [播放声音 bubbles▼ 直到播放完毕] 的向下凸槽，然后修改等待时间为 5 秒，如图 5.11 所示。

（11）单击舞台上方的 ▶ 按钮，运行程序，就可以听到"冒水泡"的声音，并且游来游去的鱼碰到鲨鱼时，就会发出"格格地咬牙"的声音，如图 5.12 所示。

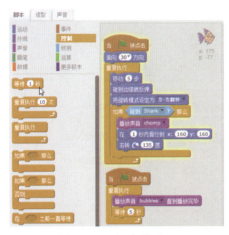

图 5.11 积木代码

图 5.12 "冒水泡"的声音和"格格地咬牙"的声音

5.2 弹奏鼓声和音符积木代码的编程实例

弹奏鼓声积木代码有 2 个,分别是弹奏什么鼓声什么拍、休止什么拍。弹奏音符积木代码也有 2 个,分别是弹奏什么音符什么拍、演奏乐器为什么,如图 5.13 所示。

5.2.1 弹奏鼓声和音符积木代码的作用

`弹奏鼓声 1▼ 0.25 拍` 积木代码的作用是:当执行该积木代码时,就会弹奏小军鼓鼓声,弹奏的节拍为 0.25。在音乐中,时间被分成均等的基本单位,每个单位叫作一个"拍子"或称一拍。拍子的时值是以音符的时值来表示的,一拍的时值可以是四分音符(即以四分音符为一拍),也可以是二分音符(即以二分音符为一拍)或八分音符(即以八分音符为一拍)。拍子的时值是一个相对的时间概念,比如当乐曲的规定速度为每分钟 60 拍时,每拍占用的时间是一秒,半拍是二分之一秒;当规

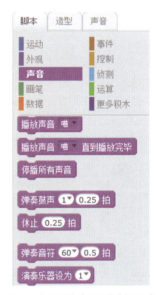

图 5.13 弹奏鼓声和音符积木代码

定速度为每分钟 120 拍时,每拍的时间是半秒,半拍就是四分之一秒,依此类推。拍子的基本时值确定之后,各种时值的音符就与拍子联系在了一起。例如,当以四分音符为一拍时,全音符相当于四拍,二分音符相当于两拍,八分音符相当于半拍,十六分音符相当于四分之一拍;如果以八分音符作为一拍,则全音符相当于八拍,二分音符是四拍,四分音符是两拍,十六分音符是半拍。

单击其下拉按钮,弹出下拉菜单,如图 5.14 所示。

在这里可以看到 18 种鼓声,分别是小军鼓、低音鼓、鼓边敲击、碎音钹、开音双面钹、闭音双面钹、铃鼓、拍掌、音棒、木鱼、牛铃、三角铁、小手鼓、康加鼓、卡巴沙、锯琴、颤击、开音鸟鸣桶。

`休止 0.25 拍` 积木代码的作用是:当执行该积木代码时,就会休止 0.25 拍。

`弹奏音符 60 0.5 拍` 积木代码的作用是:当执行该积木代码时,就弹奏 60 音符,弹奏的节拍为 0.5。单击其下拉按钮,弹出音符图形,如图 5.15 所示。

`演奏乐器设为 1` 积木代码的作用是:当执行该积木代码时,设置演奏乐器为钢琴。单击其下拉按钮,弹出下拉菜单,如图 5.16 所示。

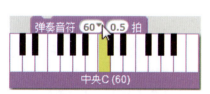

图 5.14　下拉菜单　　　　图 5.15　音符图形　　　　图 5.16　下拉菜单

在这里可以看到演奏乐器有 21 种,分别是钢琴、电子琴、风琴、吉他、电吉他、低音、拨奏乐器、大提琴、长号、单簧管、萨克斯管、长笛、木笛、低音管、唱诗班、抖音琴、音乐盒、钢鼓、马林巴琴、合成领奏、合成长音。

5.2.2 实例：架子鼓与萨克斯

（1）双击 Scratch 快捷方式图标，就可以打开 Scratch 软件。单击菜单栏中的"文件/保存"命令，保存程序的文件名为"架子鼓与萨克斯"。

（2）由于"角色1"小猫在本例中用不到，下面把它删除。选择角色区中的"角色1"，单击鼠标右键，在弹出的菜单中单击"删除"命令即可。

（3）单击从角色库中选取角色按钮，弹出"角色库"对话框，按下键盘上的"Shift"键，选择角色"Drum-Snare"和"Saxophone"，如图 5.17 所示。

（4）单击"确定"按钮，就可以把两个角色添加到舞台上。

（5）为了让我们的 Scratch 程序漂亮，下面来添加背景。单击从背景库中选择背景按钮，弹出"背景库"对话框，如图 5.18 所示。

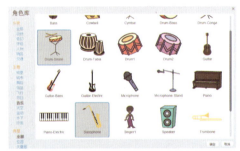

图 5.17 "角色库"对话框　　图 5.18 "背景库"对话框

（6）在这里选择"party room"，然后单击"确定"按钮，这时 Scratch 程序的背景就变成了"party room"图片。

（7）下面来添加积木代码。选择角色"Drum-Snare"，单击脚本中的"事件"，将鼠标指针指向 当角色被点击时 ，按下鼠标左键拖动到脚本区。

（8）单击脚本中的"控制"，将鼠标指针指向 重复执行 ，按下鼠标左键拖动到脚本区并让其向上凹槽对准 当角色被点击时 的向下凸槽。

（9）需要注意的是，当选择角色"Drum-Snare"，就把其对应的声音文件导入到"声音"选项面板中。单击脚本中的"声音"，将鼠标指针指向 播放声音 flam snare 直到播放完毕 ，按下鼠标左键拖动到脚本区并让其向上凹槽对准 重复执行 的向下凸槽。

（10）需要注意的是，架子鼓"Drum-Snare"有三个声音文件，所以共需要拖三次 播放声音 flam snare 直到播放完毕 到 重复执行 中，然后单击下拉按钮，设置第一个为"flam snare",第二个为"tap snare",第三个为"sidestick snare"。

(11) 架子鼓有两个造型,下面来添加造型动画效果。单击脚本中的"外观",将鼠标指针指向 下一个造型 ,按下鼠标左键拖动到脚本区并让其向上凹槽对准 播放声音 sidestick snare 直到播放完毕 的向下凸槽,如图 5.19 所示。

(12) 单击舞台上方的 ▶ 按钮,运行程序,再单击架子鼓"Drum-Snare"角色,就可以听到架子鼓声音效果,如图 5.20 所示。

图 5.19 架子鼓的积木代码　　　图 5.20 架子鼓声音效果

(13) 选择角色"Saxophone",单击脚本中的"事件",将鼠标指针指向 当角色被点击时 ,按下鼠标左键拖动到脚本区。

(14) 单击脚本中的"控制",将鼠标指针指向 重复执行 ,按下鼠标左键拖动到脚本区并让其向上凹槽对准 当角色被点击时 的向下凸槽。

(15) 单击脚本中的"声音",将鼠标指针指向 演奏乐器设为 1▼ ,按下鼠标左键拖动到脚本区并让其向上凹槽对准 重复执行 的向下凸槽,并设置演奏乐器为 11,即萨克斯管。

(16) 需要注意的是,当选择角色"Saxophone",就把其对应的声音文件导入"声音"选项面板中。单击脚本中的"声音",将鼠标指针指向 播放声音 C2 sax 直到播放完毕 ,按下鼠标左键拖动到脚本区并让其向上凹槽对准 演奏乐器设为 11▼ 的向下凸槽。

(17) 需要注意的是,萨克斯"Saxophone"有 8 个声音文件,所以共需要拖 8 次 播放声音 C2 sax 直到播放完毕 到 重复执行 中,然后单击下拉按钮,设置第一个为"C2 sax",第二个为"C sax",第三个为"D sax", 第四个为"E sax",第五个为"F sax",第六个为"G sax",第七个为"A sax",第八个为"B sax"。

(18)萨克斯有两个造型,下面来添加造型动画效果。单击脚本中的"外观",将鼠标指针指向 下一个造型 ,按下鼠标左键拖动到脚本区并让其向上凹槽对准 播放声音 B sax 直到播放完毕 的向下凸槽,如图5.21所示。

(19)单击舞台上方的 ▶ 按钮,运行程序,再单击萨克斯"Saxophone"角色,就可以听到萨克斯声音效果,如图5.22所示。

图 5.21 萨克斯的积木代码

图 5.22 萨克斯声音效果

5.3 其他声音积木代码的编程实例

前面讲解了声音积木代码、弹奏鼓声积木代码、弹奏音符积木代码,下面来讲解其他声音积木代码,如图5.23所示。

5.3.1 其他声音积木代码的作用

将音量增加 -10 积木代码的作用是:当执行该积木代码时,就会将音量增加-10。当然可以根据程序实际需要设置音量的增加值。

将音量设定为 100 积木代码的作用是:当执行该积木代码时,就会将音量设定为100。当然可以根据程序实际需要设置音量的值。

音量 积木代码的作用是:如果选中其前

图 5.23 其他声音积木代码

第 5 章　Scratch 声音积木代码模块编程实例

面的复选框，那么就会在舞台中显示音量值。如果不选中其前面的复选框，就不会在舞台中显示音量值，默认为不选中。

`将演奏速度加快 20` 积木代码的作用是：当执行该积木代码时，就会将演奏速度加快 20。当然可以根据程序实际需要设置演奏速度的加快值。

`将演奏速度设定为 60 bpm` 积木代码的作用是：当执行该积木代码时，就会将演奏速度设定为 60bpm。其中，bpm 是 Beat Per Minute 的简称，中文名为拍子数，释义为每分钟节拍数的单位。

`演奏速度` 积木代码的作用是：如果选中其前面的复选框，那么就会在舞台中显示演奏速度。如果不选中其前面的复选框，就不会在舞台中显示演奏速度，默认为不选中。

5.3.2　实例：音乐会

（1）双击 Scratch 快捷方式图标，就可以打开 Scratch 软件。单击菜单栏中的"文件 / 保存"命令，保存程序的文件名为"音乐会"。

（2）由于"角色 1"小猫在本例中用不到，下面把它删除。选择角色区中的"角色 1"，单击鼠标右键，在弹出的菜单中单击"删除"命令即可。

（3）为了让我们的 Scratch 程序漂亮，下面来添加背景。单击从背景库中选择背景按钮，弹出"背景库"对话框，如图 5.24 所示。

（4）在这里选择"spotlight-stage"，然后单击"确定"按钮，这时 Scratch 程序的背景就变成了"spotlight-stage""图片。

（5）单击从角色库中选取角色按钮，弹出"角色库"对话框，按下键盘上的"Shift"键，选择角色"Drum-Conga"、"Guitar"、"Guitar-Bass"、"Piano-Electric"，如图 5.25 所示。

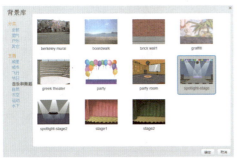

图 5.24　"背景库"对话框

图 5.25　"角色库"对话框

（6）单击"确定"按钮，就可以把两个角色添加到舞台上。

（7）同理，单击从角色库中选取角色按钮，弹出"角色库"对话框，

77

选择角色"Abby",如图 5.26 所示。

(8)单击"确定"按钮,就可以把该角色添加到舞台上,接着调整角色的位置,调整后如图 5.27 所示。

图 5.26 "角色库"对话框

图 5.27 舞台效果

(9)下面来为角色"Drum-Conga"添加积木代码。首先选择角色"Drum-Conga",单击脚本中的"事件",将鼠标指针指向 当角色被点击时 ,按下鼠标左键拖动到脚本区。

(10)单击脚本中的"控制",将鼠标指针指向 重复执行 10 次 ,按下鼠标左键拖动到脚本区并让其向上凹槽对准 当角色被点击时 的向下凸槽,然后修改重复执行次数为 3 次。

(11)单击脚本中的"声音",将鼠标指针指向 播放声音 tap conga 直到播放完毕 ,按下鼠标左键拖动到脚本区并让其向上凹槽对准 重复执行 3 次 的向下内凸槽。

(12)由于 conga 有 4 个声音文件,所以共拖进去 4 次 播放声音 tap conga 直到播放完毕 积木代码,然后单击其下拉按钮,修改播放声音分别为"tap conga"、"high conga"、"low conga"、"muted conga",如图 5.28 所示。

(13)将鼠标指针指向 将音量增加 -10 ,按下鼠标左键拖动到脚本区并让其向上凹槽对准 播放声音 muted conga 直到播放完毕 的向下凸槽。

(14)将鼠标指针指向 将音量设定为 100 ,按下鼠标左键拖动到脚本区并让其向上凹槽对准 当角色被点击时 的向下凸槽。

(15)为"Drum-Conga"角色添加动画效果。单击脚本中的"外观",将鼠标指针指向 下一个造型 ,按下鼠标左键拖动到脚本区并让其向上凹槽对

准 `将音量增加 -10` 的向下凸槽，如图 5.28 所示。

（16）单击舞台上方的 ▶ 按钮，运行程序，再单击康加鼓"Drum-Conga"角色，就可以听到康加鼓声音效果，这里重复 3 次，一次比一次声音小，即每次减少 10，如图 5.29 所示。

图 5.28　"Drum-Conga"角色的积木代码　　图 5.29　康加鼓声音效果

（17）下面来为角色"Guitar-Bass"添加积木代码。首先选择角色"Guitar-Bass"，单击脚本中的"事件"，将鼠标指针指向 `当角色被点击时`，按下鼠标左键拖动到脚本区。

（18）该角色其他代码添加方法与"Drum-Conga"几乎相同，这里不再赘述，添加积木代码后如图 5.30 所示。

（19）单击舞台上方的 ▶ 按钮，运行程序，再单击吉他-低音"Guitar-Bass"角色，就可以听到吉他-低音效果，这里重复 3 次，一次比一次速度快，即每次快 20，如图 5.31 所示。

图 5.30　"Guitar-Bass"角色的积木代码　　图 5.31　吉他-低音效果

（20）下面来为角色"Guitar"添加积木代码，具体添加方法与"Drum-Conga"几乎相同，这里不再赘述，添加积木代码后如图5.32所示。

（21）单击舞台上方的 ▶ 按钮，运行程序，再单击吉他"Guitar"角色，就可以听到吉他声音效果，这里重复3次，一次比一次速度快，即每次快20，一次比一次声音低，即每次低10。

（22）下面来为角色"Piano-Electric"添加积木代码，具体添加方法与"Drum-Conga"几乎相同，这里不再赘述，添加积木代码后如图5.33所示。

图5.32 "Guitar"角色的积木代码　图5.33 "Piano-Electric"角色的积木代码

（23）单击舞台上方的 ▶ 按钮，运行程序，再单击电子琴"Piano-Electric"角色，就可以听到电子琴声音效果，这里重复4次，一次比一次声音低，即每次低10，并且每次都会换造型，并把颜色增加25。

（24）下面来为角色"Abby"添加积木代码。首先选择角色"Abby"，单击脚本中的"事件"，将鼠标指针指向 当▶被点击 ，按下鼠标左键拖动到脚本区。

（25）单击脚本中的"声音"，将鼠标指针指向 说Hello!2秒 ，按下鼠标左键拖动到脚本区并让其向上凹槽对准 当▶被点击 的向下凸槽，修改说话内容为"大家好！我要开始唱歌了！"。

（26）下面来添加声音文件。单击"声音"选项卡，然后单击从声音库中选取声音按钮 🔊 ，弹出"声音库"对话框，再单击"歌声"，接着按下键盘上的"Shift"键，选择"singer1"和"singer2"，如图5.34所示。

（27）选择声音文件后，单击"确定"按钮，就可以把声音文件添加到"声音"选项面板上，如图5.35所示。

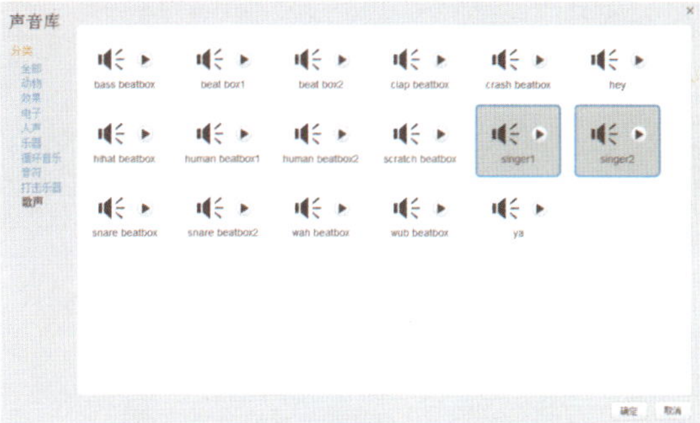

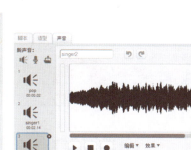

图 5.34 "声音库"对话框

图 5.35 把声音文件添加到"声音"选项面板上

（28）这时再单击"脚本"选项卡，然后单击脚本中的"声音"，将鼠标指针指向 ，按下鼠标左键拖动到脚本区并让其向上凹槽对准 说 大家好！我要开始唱歌了！ 2秒 的向下凸槽。

（29）将鼠标指针指向 播放声音 singer2 直到播放完毕，按下鼠标左键拖动到脚本区并让其向上凹槽对准 播放声音 singer2 直到播放完毕 的向下凸槽，然后单击其下拉按钮，修改"singer2"为"singer1"。

（30）为了让两个声音之间有个间隔，单击脚本中的"控制"，将鼠标指针指向 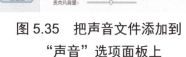，按下鼠标左键拖动到脚本区并让其向上凹槽对准 播放声音 singer2 直到播放完毕 的向下凸槽，如图 5.36 所示。

（31）单击舞台上方的 ▶ 按钮，运行程序，首先看到"Abby"说话内容，即"大家好！我要开始唱歌了！"，然后等 2 秒，就开始唱歌，再单击不同的乐器，就可以开音乐会了，如图 5.37 所示。

图 5.36 "Abby"角色的积木代码

图 5.37 音乐会效果

第6章 Scratch 事件积木代码模块编程实例

所有事件积木代码都是用土黄色表示的。本章首先讲解 Scratch 中的事件及事件的意义,然后通过 4 个实例,即来回散步动画效果、鲨鱼吃小鱼游戏、不同舞台切换的跳舞效果、生日快乐歌,来剖析讲解。

6.1 Scratch 中的各种事件

事件,这个词对于编程初学者来说,往往总是显得有些神秘,不易弄懂。但事件却又是编程中常用且非常重要的东西。下面就来讲解 Scratch 中的各种事件。

6.1.1 Scratch 中的事件

Scratch 的基本原理是为所选的角色编写脚本使其产生互动效果。编写脚本的方式则非常特别,将一些像积木一样的小方块拖曳到脚本区并按一定的结构进行组织就可以,完全没有编码的过程,全是拖曳的过程。有些地方需要修改一下参数,那么输入一些数字或者从下拉菜单中选择一个合适的项即可。

脚本可以有很多段,每一段的开头是一个事件块,事件可以是单击 Scratch 中的绿色旗帜,可以是某个按键消息,还可以是其他角色发出的事件消息。当某个事件发生后,就开始执行角色的脚本,不同的事件执行不同的脚本,不同角色对相同的事件也会有不同的响应。打开 Scratch 软件,单击"脚本"选项卡,再单击脚本中的"事件",就可以看到 Scratch 中的所有事件,如图 6.1 所示。

6.1.2 Scratch 中各事件的意义

Scratch 中的事件有 6 个,具体意义如下:

第 6 章　Scratch 事件积木代码模块编程实例

（1）Scratch 程序启动点事件

如果单击小绿旗，就会运行 Scratch 程序，即 Scratch 程序运行的启动点，这样就执行该事件中编写好的脚本代码。

（2）键盘事件

用来检验用户的按键操作，即按下键盘上的某个键，就会执行该事件中编写好的脚本代码。单击"空格"后的下拉按钮，可以选择键盘上的不同字母、数字或方向键，如图 6.2 所示。

图 6.1　Scratch 中的所有事件　　图 6.2　选择键盘上的不同字母、数字或方向键

（3）角色单击事件

当单击某个角色时，就执行该事件中编写好的脚本代码。

（4）背景切换事件

当 Scratch 程序的背景切换时，就执行该事件中编写好的脚本代码。

（5）响度、计时器或视频移动事件

如果选择的是"响度"，默认情况下，响度大于 10 时，就执行该事件中编写好的脚本代码。

如果选择的是"计时器"，默认情况下，计时器大于 10 时，就执行该事件中编写好的脚本代码。

如果选择的是"视频移动"，默认情况下，视频移动大于 10 时 `当 视频移动 > 10`，就执行该事件中编写好的脚本代码。

> **提醒：** 响度，其实就是麦克音量，即 Scratch 程序中麦克音量的大小。计时器就是用来测量时间的装置。另外，响度、计时器或视频移动后面的值是可以根据具体情况来修改的。

（6）接收到消息事件 `当接收到 消息1`

如果接收到消息，就执行该事件中编写好的脚本代码。注意，消息是可以编辑多个的。

需要注意的是，要想接收到消息，就要广播消息。广播消息积木代码有两个，分别是 `广播 消息1` 和 `广播 消息1 并等待`。注意，消息是可以编辑多个的。

6.2 实例：来回散步动画效果

（1）双击 Scratch 快捷方式图标，就可以打开 Scratch 软件。单击菜单栏中的"文件/保存"命令，保存程序的文件名为"来回散步动画效果"。

（2）由于"角色 1"小猫在本例子中用不到，下面把它删除。选择角色区中的"角色 1"，单击鼠标右键，在弹出的菜单中单击"删除"命令即可。

（3）单击从角色库中选取角色按钮 ，弹出"角色库"对话框，选择角色"Avery Walking"，如图 6.3 所示。

（4）单击"确定"按钮，就可以把"Avery Walking"角色添加到舞台上。

（5）为了让我们的 Scratch 程序漂亮，下面来添加背景。单击从背景库中选择背景按钮 ，弹出"背景库"对话框，如图 6.4 所示。

图 6.3 "角色库"对话框

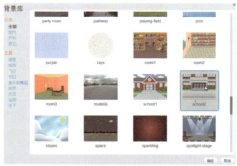

图 6.4 "背景库"对话框

(6）在这里选择"school2"，然后单击"确定"按钮，这时 Scratch 程序的背景就变成了"school2"图片。

（7）单击"脚本"选项卡，再单击脚本中的"事件"，将鼠标指针指向 [当 被点击]，按下鼠标左键，拖动到脚本区。

（8）下面来编写 Scratch 程序启动事件的脚本代码，实现角色"Avery Walking"来回散步动画效果。来回散步，是一个循环过程，所以首先要添加"控制"中的"重复执行"。单击脚本中的"控制"，将鼠标指针指向 [重复执行]，按下鼠标左键拖动到脚本区并让其向上凹槽对准 [当 被点击] 的向下凸槽。

（9）下面就在重复执行中继续添加 Scratch 脚本代码。单击脚本中的"外观"，将鼠标指针指向 [下一个造型]，按下鼠标左键拖动到脚本区并让其向上凹槽对准 [重复执行] 的向下凸槽。

（10）需要注意，角色"Avery Walking"本身就是一个小动画，这样可以更好地显示散步效果。单击"造型"选项卡，就可以看到角色"Avery Walking"包括的 4 张图像，如图 6.5 所示。这样，通过"下一个造型"脚本代码，就可以更好地显示角色"Avery Walking"来回散步动画效果。

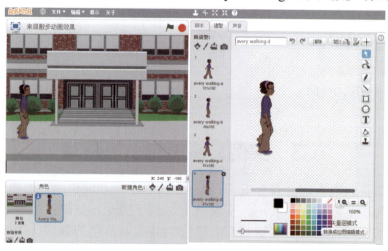

图 6.5 角色"Avery Walking"包括的 4 张图像

（11）单击脚本中的"运动"，将鼠标指针指向 [移动 10 步]，按下鼠标左键拖动到脚本区并让其向上凹槽对准 [下一个造型] 的向下凸槽。这样就可以让角色"Avery Walking"动起来。

85

（12）为了控制角色"Avery Walking"的散步速度，下面添加"等待1秒"。单击脚本中的"控制"，将鼠标指针指向 等待1秒 ，按下鼠标左键拖动到脚本区并让其向上凹槽对准 移动10步 的向下凸槽，在这里修改时间为0.3秒。

（13）如果走到头，就要转弯返回，这样就要添加"碰到边缘就反弹"。单击脚本中的"运动"，将鼠标指针指向 碰到边缘就反弹 ，按下鼠标左键拖动到脚本区并让其向上凹槽对准 等待0.3秒 的向下凸槽，如图6.6所示。

（14）单击舞台上方的 ▶ 按钮，运行程序，从而调用Scratch程序启动点事件，这样就执行该事件中编写好的脚本代码，可以看到来回散步动画效果，如图6.7所示。

图6.6　积木代码

图6.7　来回散步动画效果

6.3　实例：鲨鱼吃小鱼游戏

制作鲨鱼吃小鱼游戏分五步，第一步添加小鱼和鲨鱼角色并美化舞台；第二步为小鱼添加积木代码，实现从上游到下的动画效果；第三步为鲨鱼添加积木代码，实现利用键盘左右键控制其左右移动的效果；第四步添加积木代码，实现小鱼碰到鲨鱼就会被吃掉的功能；第五步添加积木代码，实现鲨鱼吃小鱼计数的功能。

6.3.1　添加小鱼和鲨鱼角色并美化舞台

（1）双击Scratch快捷方式图标，就可以打开Scratch软件。单击菜单栏中的"文件/保存"命令，保存程序的文件名为"鲨鱼吃小鱼游戏"。

（2）由于"角色1"小猫在本例中用不到，下面把它删除。选择角色区中的"角色1"，单击鼠标右键，在弹出的菜单中单击"删除"命令即可。

（3）单击从角色库中选取角色按钮，弹出"角色库"对话框，再单击"水下"，然后按下键盘上的"Shift"键，选择角色"Shark"和"Starfish"，如图6.8所示。

图6.8 "角色库"对话框

（4）单击"确定"按钮，就可以把两个角色添加到舞台上。

（5）为了让我们的Scratch程序漂亮，下面来添加背景。单击从背景库中选择背景按钮，弹出"背景库"对话框，再单击"水下"，如图6.9所示。

图6.9 "背景库"对话框

（6）在这里选择"underwater2"，然后单击"确定"按钮，这时Scratch程序的背景就变成了"underwater2"图片。

6.3.2 小鱼从上游到下动画

（1）选择角色"Starfish"，单击脚本中的"事件"，将鼠标指针指向，按下鼠标左键，拖动到脚本区。

（2）单击脚本中的"运动"，将鼠标指针指向 `移到 鼠标指针`，按下鼠标左键拖动到脚本区并让其向上凹槽对准 `当 ▶ 被点击` 的向下凸槽，然后单击其下拉按钮，在弹出的菜单中选择"随机位置"，如图 6.10 所示。这样小鱼最终的位置就是随机的。

（3）将鼠标指针指向 `将y坐标设定为 0`，按下鼠标左键拖动到脚本区并让其向上凹槽对准 `移到 随机位置` 的向下凸槽，并修改 y 坐标值为 190。这样小鱼 x 坐标是随机的，y 坐标为 190，即小鱼的初始位置在舞台的最上方。

（4）下面来实现从上游到下的动画。单击脚本中的"控制"，将鼠标指针指向 `重复执行`，按下鼠标左键拖动到脚本区并让其向上凹槽对准 `将y坐标设定为 190` 的向下凸槽。

（5）单击脚本中的"运动"，将鼠标指针指向 `将y坐标增加 10`，按下鼠标左键拖动到脚本区并让其向上凹槽对准 `重复执行` 的向下凸槽，然后修改 y 坐标增加的值为 -5。

（6）当小鱼游到 y 坐标小于 -180 时，重新返回初始位置。单击脚本中的"控制"，将鼠标指针指向 `如果 那么`，按下鼠标左键拖动到脚本区并让其向上凹槽对准 `将y坐标增加 -5` 的向下凸槽。

（7）单击脚本中的"运算"，将鼠标指针指向 `◇ < ◇`，按下鼠标左键拖动到后面的六边形中。

（8）单击脚本中的"运动"，将鼠标指针指向 `y 坐标`，按下鼠标左键拖动到 `◇ < ◇` 的第一个小方框中，第二个小方框中输入"-180"。

（9）最后，复制 `移到 随机位置`、`将y坐标设定为 190` 两个积木代码，粘贴到 `如果 那么` 的向下内凸槽，如图 6.11 所示。

图 6.10　随机位置

图 6.11　小鱼的积木代码

(10)单击舞台上方的 按钮,运行程序,就可以看到小鱼从上游到下的动画效果。

6.3.3 鲨鱼左右移动效果

(1)选择角色中的"Shark",单击脚本中的"事件",将鼠标指针指向 当按下 空格▼ 键,按下鼠标左键,拖动到脚本区,单击其下拉按钮,在下拉菜单中选择"右移键"。

(2)单击脚本中的"运动",将鼠标指针指向 面向 90▼ 方向,按下鼠标左键拖动到脚本区并让其向上凹槽对准 当按下 右移键▼ 键 的向下凸槽。

(3)将鼠标指针指向 移动 10 步,按下鼠标左键拖动到脚本区并让其向上凹槽对准 面向 90▼ 方向 的向下凸槽。

(4)鲨鱼"Shark"本身就是一个小动画,下面添加代码实现动画效果。单击脚本中的"外观",将鼠标指针指向 下一个造型,按下鼠标左键拖动到脚本区并让其向上凹槽对准 移动 10 步 的向下凸槽,如图 6.12 所示。

(5)下面再添加"左移键"事件积木代码。单击脚本中的"事件",将鼠标指针指向 当按下 空格▼ 键,按下鼠标左键,拖动到脚本区,单击其下拉按钮,在下拉菜单中选择"左移键"。

(6)需要注意这里需要旋转,所以要设置旋转模式。单击脚本中的"运动",将鼠标指针指向 将旋转模式设定为 左-右翻转,按下鼠标左键拖动到脚本区并让其向上凹槽对准 当按下 左移键▼ 键 的向下凸槽。

(7)将鼠标指针指向 面向 90▼ 方向,按下鼠标左键拖动到脚本区并让其向上凹槽对准 将旋转模式设定为 左-右翻转 的向下凸槽,然后修改"90"为"-90",即面向左边。

(8)将鼠标指针指向 移动 10 步,按下鼠标左键拖动到脚本区并让其向上凹槽对准 面向 -90▼ 方向 的向下凸槽。

(9)单击脚本中的"外观",将鼠标指针指向 下一个造型,按下鼠标左键拖动到脚本区并让其向上凹槽对准 移动 10 步 的向下凸槽,如图 6.13 所示。

图 6.12 右移键事件积木代码

图 6.13 左移键事件积木代码

（10）单击舞台上方的 ▶ 按钮，运行程序，按下键盘上的"→"键，鲨鱼就会向右移动10步，按下键盘上的"←"键，鲨鱼就会向左移动10步，如图6.14所示。

图6.14 鲨鱼左右移动效果

6.3.4 小鱼碰到鲨鱼就会被吃掉功能

（1）选择角色"Starfish"，单击脚本中的"事件"，将鼠标指针指向 当 ▶ 被点击 ，按下鼠标左键，拖动到脚本区。

> **提醒：** 同一个角色上可能添加两个或两个以上同一事件，在程序运行时，这些事件会同时运行。

（2）单击脚本中的"控制"，将鼠标指针指向 重复执行 ，按下鼠标左键拖动到脚本区并让其向上凹槽对准 当 ▶ 被点击 的向下凸槽。

（3）将鼠标指针指向 如果 那么 ，按下鼠标左键拖动到脚本区并让其向上凹槽对准 重复执行 的向下凸槽。

（4）单击脚本中的"侦测"，将鼠标指针指向 碰到 鼠标指针▼ ? ，按下鼠标左键拖动到如果后面的六边框中，然后单击其下拉按钮，弹出下拉菜单，选择"Shark"，如图6.15所示。

（5）单击脚本中的"侦测"，将鼠标指针指向 播放声音 pop▼ ，按下鼠标左键拖动到脚本区并让其向上凹槽对准 如果 碰到 Shark▼ ? 那么 的向下内凸槽。

（6）当小鱼碰到鲨鱼时，被吃掉，即快速返回到顶部，所以这里复制 移到 随机位置▼ 、 将y坐标设定为 190 两个积木代码，粘贴到 播放声音 pop▼ 的向下凸槽，如图6.16所示。

第 6 章　Scratch 事件积木代码模块编程实例

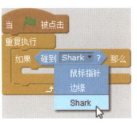

图 6.15　下拉菜单

图 6.16　小鱼碰到鲨鱼就会被吃掉的积木代码

6.3.5　鲨鱼吃小鱼计数功能

（1）为了实现鲨鱼吃小鱼计数功能，要新建一个变量。单击脚本中的"数据"，如图 6.17 所示。

> **提醒：** 变量是指在程序执行过程中其值可以变化的量，系统为程序中的每个变量都分配一个存储单元。变量名实质上就是计算机内存单元的命名。因此，借助变量名就可以访问内存中的数据了。

（2）单击 建立一个变量 按钮，弹出"新建变量"对话框，在这里设置变量名为"num"，如图 6.18 所示。

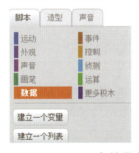

图 6.17　Scratch 中的数据　　　　图 6.18　"新建变量"对话框

（3）在这里选择"适用于所有角色"前面的单选按钮，然后单击"确定"按钮，这时数据如图 6.19 所示。

（4）将鼠标指针指向 将 num 设定为 0 ，按下鼠标左键拖动到脚本区并让其向上凹槽对准 当 被点击 的向下凸槽。这样在程序刚运行时，num 的值为 0，即鲨鱼吃小鱼的数为 0。

（5）将鼠标指针指向 将 num 增加 1 ，按下鼠标左键拖动到脚本区并让

其向上凹槽对准 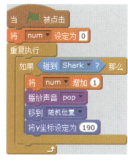 的向下内凸槽。这样，每当小鱼碰到鲨鱼时，变量 num 便增加 1，即实现计数功能，如图 6.20 所示。

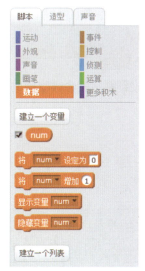

图 6.19　新建 num 变量　　　图 6.20　鲨鱼吃小鱼计数功能积木代码

（6）单击舞台上方的 ▶ 按钮，运行程序，按下键盘上的"→"键和"←"键，就可以玩游戏了。每当小鱼碰到鲨鱼，就会发出"爆裂声"，并且变量 num 就会增加 1，如图 6.21 所示。

（7）为了更好地增加游戏效果，可以选择角色"Starfish"，进行多次复制，这样效果会更好。

（8）当然，还可以添加一些其他小鱼角色，复制角色"Starfish"上的代码，粘贴到其他小鱼角色上，这样效果会更好，如图 6.22 所示。

图 6.21　鲨鱼吃小鱼游戏　　　图 6.22　更好效果的鲨鱼吃小鱼游戏

6.4 实例：不同舞台切换的跳舞效果

制作不同舞台切换的跳舞效果有 4 个步骤，第一步是添加两个跳舞角色和两个舞台背景；第二步添加积木代码，实现两个舞台背景切换；第三步为第一个跳舞角色添加积木代码，实现在第一个舞台背景下跳舞；第四步为第二个跳舞角色添加积木代码，实现在第二个舞台背景下跳舞。

6.4.1 添加两个跳舞角色和两个舞台背景

（1）双击 Scratch 快捷方式图标，就可以打开 Scratch 软件。单击菜单栏中的"文件/保存"命令，保存程序的文件名为"不同舞台切换的跳舞效果"。

（2）由于"角色1"小猫在本例子中用不到，下面把它删除。选择角色区中的"角色1"，单击鼠标右键，在弹出的菜单中单击"删除"命令即可。

（3）单击从角色库中选取角色按钮 ，弹出"角色库"对话框，再单击"舞台"，然后按下键盘上的"Shift"键，选择角色"Catherine Dance"和"Jouvi Hip-Hop"，如图 6.23 所示。

（4）单击"确定"按钮，就可以把两个角色添加到舞台上。

（5）接下来添加两个舞台背景。单击从背景库中选择背景按钮，弹出"背景库"对话框，再单击"音乐和舞蹈"，然后按下键盘上的"Shift"键，选择角色"stage1"和"stage2"，如图 6.24 所示。

 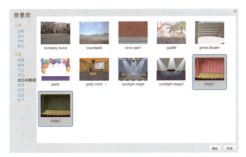

图 6.23　"角色库"对话框　　　　图 6.24　"背景库"对话框

（6）单击"确定"按钮，就可以把两个背景添加到舞台上。

（7）需要注意的是，最终 Scratch 还有一个白色背景的舞台，这时单击"背景"选项卡，就可以看到当前是三个舞台背景，如图 6.25 所示。

（8）选择白色舞台，单击鼠标右键，弹出右键菜单，如图 6.26 所示。

（9）单击鼠标右键菜单中的"删除"命令，即可删除白色舞台。

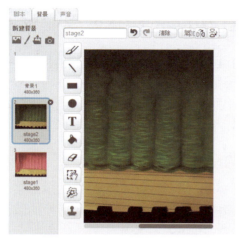
图 6.25 三个舞台背景

图 6.26 右键菜单

6.4.2 两个舞台背景切换

（1）选择角色区中的舞台背景图片，添加代码实现两个舞台背景切换。单击角色区中的舞台背景图片，单击脚本中的"事件"，将鼠标指针指向 `当 ▶ 被点击`，按下鼠标左键，拖动到脚本区。

（2）单击脚本中的"控制"，将鼠标指针指向 `重复执行`，按下鼠标左键拖动到脚本区并让其向上凹槽对准 `当 ▶ 被点击` 的向下凸槽。

（3）单击脚本中的"外观"，将鼠标指针指向 `将背景切换为 stage1`，按下鼠标左键拖动到脚本区并让其向上凹槽对准 `重复执行` 的向下凸槽。

（4）单击脚本中的"控制"，将鼠标指针指向 `等待 1 秒`，按下鼠标左键拖动到脚本区并让其向上凹槽对准 `将背景切换为 stage1` 的向下凸槽，然后修改等待时间为 4 秒。

（5）单击脚本中的"外观"，将鼠标指针指向 `将背景切换为 stage1`，按下鼠标左键拖动到脚本区并让其向上凹槽对准 `等待 4 秒` 的向下凸槽，然后单击其下拉按钮，在弹出的下拉菜单中选择"stage2"，如图 6.27 所示。

（6）最后单击脚本中的"控制"，将鼠标指针指向 `等待 1 秒`，按下鼠标左键拖动到脚本区并让其向上凹槽对准 `将背景切换为 stage2` 的向下凸槽，然后修改等待时间为 11 秒，如图 6.28 所示。

第 6 章　Scratch 事件积木代码模块编程实例

图 6.27　下拉菜单

图 6.28　舞台背景图片的积木代码

6.4.3　第一个跳舞角色在第一个舞台背景下跳舞

（1）选择角色区中的"Catherine Dance"，单击脚本中的"事件"，将鼠标指针指向 当背景切换到 stage1 ▼ ，按下鼠标左键，拖动到脚本区。

（2）单击脚本中的"外观"，将鼠标指针指向 显示 ，按下鼠标左键拖动到脚本区并让其向上凹槽对准 当背景切换到 stage1 ▼ 的向下凸槽。

（3）单击脚本中的"控制"，将鼠标指针指向 重复执行 ，按下鼠标左键拖动到脚本区并让其向上凹槽对准 显示 的向下凸槽。

（4）单击脚本中的"外观"，将鼠标指针指向 下一个造型 ，按下鼠标左键拖动到脚本区并让其向上凹槽对准 重复执行 的向下凸槽。

（5）单击脚本中的"控制"，将鼠标指针指向 等待 1 秒 ，按下鼠标左键拖动到脚本区并让其向上凹槽对准 下一个造型 的向下凸槽，如图 6.29 所示。

（6）下面再来编写背景切换到 stage2 的代码。选择角色区中的"Catherine Dance"，单击脚本中的"事件"，将鼠标指针指向 当背景切换到 stage1 ▼ ，按下鼠标左键，拖动到脚本区，然后单击其下拉按钮，在弹出的下拉菜单中选择"stage2"。

（7）单击脚本中的"外观"，将鼠标指针指向 隐藏 ，按下鼠标左键拖动到脚本区并让其向上凹槽对准 当背景切换到 stage2 ▼ 的向下凸槽，如图 6.30 所示。

图 6.29　背景切换到 stage1 的积木代码

图 6.30　背景切换到 stage2 的积木代码

6.4.4　第二个跳舞角色在第二个舞台背景下跳舞

（1）选择角色区中的"Jouvi Hip-Hop"，单击脚本中的"事件"，将鼠标指针指向 当背景切换到 stage1，按下鼠标左键，拖动到脚本区。

（2）单击脚本中的"外观"，将鼠标指针指向 隐藏，按下鼠标左键拖动到脚本区并让其向上凹槽对准 当背景切换到 stage1 的向下凸槽，如图 6.31 所示。

（3）下面再来编写背景切换到 stage2 的代码。选择角色区中的"Catherine Dance"，单击脚本中的"事件"，将鼠标指针指向 当背景切换到 stage1，按下鼠标左键，拖动到脚本区，然后单击其下拉按钮，在弹出的下拉菜单中选择"stage2"。

（4）其下添加的代码与第一个跳舞角色的"当背景切换到 stage1"是一样的，这里不再重复，添加后如图 6.32 所示。

图 6.31　背景切换到 stage1 的积木代码

图 6.32　背景切换到 stage2 的积木代码

（5）单击舞台上方的 ▶ 按钮，运行程序，就可以看到不同舞台切换的跳舞效果，如图 6.33 所示。

第 6 章　Scratch 事件积木代码模块编程实例

图 6.33　不同舞台切换的跳舞效果

6.5　实例：生日快乐歌

（1）双击 Scratch 快捷方式图标，就可以打开 Scratch 软件。单击菜单栏中的"文件/保存"命令，保存程序的文件名为"生日快乐歌"。

（2）由于"角色 1"小猫在本例子中用不到，下面把它删除。选择角色区中的"角色 1"，单击鼠标右键，在弹出的菜单中单击"删除"命令即可。

（3）单击从角色库中选取角色按钮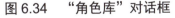，弹出"角色库"对话框，再单击"节日"，然后按下键盘上的"Shift"键，选择角色"Gift"和"Snowman"，如图 6.34 所示。

（4）单击"确定"按钮，就可以把两个角色添加到舞台上。

（5）为了让我们的 Scratch 程序漂亮，下面来添加背景。单击从背景库中选择背景按钮，弹出"背景库"对话框，再单击"节日"，如图 6.35 所示。

图 6.34　"角色库"对话框

图 6.35　"背景库"对话框

（6）在这里选择"gingerbread"，然后单击"确定"按钮，这时

Scratch 程序的背景就变成了"gingerbread"图片。

（7）下面来给角色"Gift"添加积木代码。选择角色"Gift"，单击脚本中的"事件"，将鼠标指针指向 当角色被点击时 ，按下鼠标左键，拖动到脚本区。

（8）单击脚本中的"外观"，将鼠标指针指向 下一个造型 ，按下鼠标左键拖动到脚本区并让其向上凹槽对准 当角色被点击时 的向下凸槽。

（9）将鼠标指针指向 说 Hello! 2 秒 ，按下鼠标左键拖动到脚本区并让其向上凹槽对准 下一个造型 的向下凸槽，然后修改说的内容为"雪人，开始唱歌了！"。

（10）为了让雪人听到，要广播一下。单击脚本中的"事件"，将鼠标指针指向 广播 消息1 ，按下鼠标左键拖动到脚本区并让其向上凹槽对准 说 雪人，开始唱歌了！ 2 秒 的向下凸槽，然后单击其下拉按钮，在弹出的菜单中单击"新消息"命令，弹出"新消息"对话框，如图 6.36 所示。

（11）设置消息名称为"雪人，开始唱歌了！"，然后单击"确定"按钮，这时积木代码如图 6.37 所示。

图 6.36　"新消息"对话框　　　图 6.37　角色"Gift"的积木代码

（12）下面给角色"Snowman"添加积木代码。选择角色"Snowman"，单击脚本中的"事件"，将鼠标指针指向 当接收到 雪人，开始唱歌了！ ，按下鼠标左键，拖动到脚本区。

（13）因为要实现雪人唱 10 秒后，就不能再唱了功能，所以在这里要添加一个计时器初始为零积木代码。单击脚本中的"侦测"，将鼠标指针指向 计时器归零 ，按下鼠标左键拖动到脚本区并让其向上凹槽对准 当接收到 雪人，开始唱歌了！ 的向下凸槽。

（14）下面来添加声音，要添加声音需要先添加声音文件。单击"声音"选项卡，然后单击从声音库中选取声音按钮 ，弹出"声音库"对话框，选择"birthday"，如图 6.38 所示。

（15）单击"确定"按钮，就把声单文件添加到"声音"选项面板中，如图 6.39 所示。

第 6 章　Scratch 事件积木代码模块编程实例

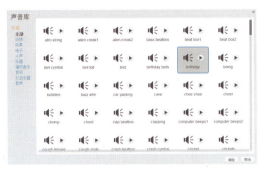

图 6.38　"声音库"对话框　　　图 6.39　"声单"选项面板

（16）单击脚本中的"声音"，将鼠标指针指向 播放声音 birthday ，按下鼠标左键拖动到脚本区并让其向上凹槽对准 计时器归零 的向下凸槽，如图 6.40 所示。

（17）选择角色"Snowman"，单击脚本中的"事件"，将鼠标指针指向 当 计时器 > 10 ，按下鼠标左键，拖动到脚本区。

（18）单击脚本中的"外观"，将鼠标指针指向 停播所有声音 ，按下鼠标左键拖动到脚本区并让其向上凹槽对准 当 计时器 > 10 的向下凸槽，如图 6.41 所示。

图 6.40　角色"Snowman"的　　图 6.41　当计时器大于 10 时，
　　　　　积木代码　　　　　　　　　　　停播所有声音

（19）单击舞台上方的 ▶ 按钮，运行程序，单击礼物，就会显示提示信息，即"雪人，开始唱歌了！"，这时礼物变成蓝色，并且雪人开始唱歌，唱 10 秒会停止唱歌，如图 6.42 所示。

图 6.42　生日快乐歌

99

第 7 章 Scratch 控制积木代码模块编程实例

所有控制积木代码都是用黄色表示的。本章首先讲解 Scratch 的基本流程控制，即选择结构和循环结构，接着通过 2 个实例：根据学生成绩给出评语、面向鼠标变色的小猫来剖析讲解；然后讲解其他控制积木代码的作用，接着通过 2 个实例：计算 1+2+3+……+100、雪花飘舞的动画效果来剖析讲解。

7.1 Scratch 的基本流程控制

Scratch 有两大流程控制结构，分别是选择结构和循环结构。

7.1.1 选择结构

选择结构是一种程序化设计的基本结构，它用于解决这样一类问题：可以根据不同的条件选择不同的操作。对选择条件进行判断只有两种结果，"条件成立"或"条件不成立"。在程序设计中通常用"真"表示条件成立，用"True"表示；用"假"表示条件不成立，用"False"表示；并称"真"和"假"为逻辑值。

Scratch 有两个选择结构语句，如图 7.1 所示。

 积木代码的作用是：当执行该积木代码时，如果六边形中的条件成立，即真，就会执行"那么"下面的积木代码；如果六边形中的条件不成立，即假，就不会执行"那么"下面的积木代码。

积木代码的作用是：当执行该积

图 7.1 两个选择结构语句

木代码时，如果六边形中的条件成立，即真，就会执行"那么"下面的积木代码；如果六边形中的条件不成立，即假，就会执行"否则"下面的积木代码。

7.1.2 循环结构

在程序设计中，循环是指从某处开始有规律地反复执行某一块语句的现象，我们将复制执行的块语句称为循环的循环体。使用循环体可以简化程序，节约内存、提高效率。

Scratch 有两个循环结构语句，如图 7.2 所示。

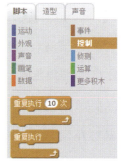

重复执行 10 次 积木代码的作用是：当执行该积木代码时，会重复执行其下包括的积木代码 10 次。当然可以根据程序实际情况设定重复执行次数。

图 7.2　两个循环结构语句

重复执行 积木代码的作用是：当执行该积木代码时，会重复执行其下包括的积木代码，直到 Scratch 程序结束。

7.2　实例：根据学生成绩给出评语

（1）双击 Scratch 快捷方式图标，就可以打开 Scratch 软件。单击菜单栏中的"文件/保存"命令，保存程序的文件名为"根据学生成绩给出评语"。

（2）由于"角色 1"小猫在本例子中用不到，下面把它删除。选择角色区中的"角色 1"，单击鼠标右键，在弹出的菜单中单击"删除"命令即可。

（3）单击从角色库中选取角色按钮，弹出"角色库"对话框，选择角色"Sam"，如图 7.3 所示。

（4）单击"确定"按钮，就可以把"Sam"角色添加到舞台上。

（5）为了让我们的 Scratch 程序漂亮，下面来添加背景。单击从背景库中选择背景按钮，弹出"背景库"对话框，如图 7.4 所示。

（6）在这里选择"school1"，然后单击"确定"按钮，这时 Scratch 程序的背景就变成了"school1"图片。

（7）下面添加积木代码，实现输入学生成绩，就会显示相应评语功能。选择角色"Sam"，单击脚本中的"事件"，将鼠标指针指向当 ▶ 被点击，按下鼠标左键，拖动到脚本区。

101

图 7.3 "角色库"对话框

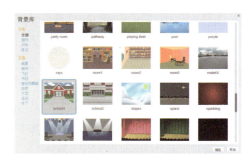
图 7.4 "背景库"对话框

（8）单击脚本中的"侦测"，将鼠标指针指向 询问 What's your name? 并等待，按下鼠标左键拖动到脚本区并让其向上凹槽对准 当 被点击 的向下凸槽，然后修改询问内容为"张亮这次期中考试考多少分呀？"。

（9）单击脚本中的"控制"，将鼠标指针指向 如果 那么 否则 ，按下鼠标左键拖动到脚本区并让其向上凹槽对准 询问 张亮这次期中考试考多少分呀？ 并等待 的向下凸槽。

（10）单击脚本中的"运算"，将鼠标指针指向 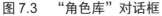，按下鼠标左键拖动到"如果"后面的六边形中。

（11）单击脚本中的"侦测"，将鼠标指针指向 回答 ，按下鼠标左键拖动到 < > 中的第一个白色方框中，在第二个方框中输入"90"，如图 7.5 所示。

（12）单击脚本中的"外观"，将鼠标指针指向 说 Hello! 2 秒，按下鼠标左键拖动到脚本区并让其向上凹槽对准如果下面的向下凸槽，并修改说的内容为"张亮这次考的很好，成绩是优秀！"。

（13）选择 如果 回答 > 90 那么 说 张亮这次考的很好，成绩是优秀！ 2 秒 否则 ，单击鼠标右键，在弹出的右键菜单中选择"复制"，如图 7.6 所示。

图 7.5 选择结构的第一个条件　　图 7.6 复制积木代码模块

（14）然后粘贴到"否则"下面，修改条件是回答">80"，修改说的内容为"张亮这次考的较好，成绩是优良！"。

（15）同理，再复制积木模块，再粘贴到第二个"否则"下面，然后修改条件是回答">70"，修改说的内容为"张亮这次考的一般，成绩是及格！"。

（16）在"否则"下面添加一个 说 Hello! 2 秒，修改说的内容为"张亮这次考的很差，成绩是不及格！"，如图 7.7 所示。

（17）单击舞台上方的 ▶ 按钮，运行程序，首先显示提示信息，即"张亮这次期中考试考多少分呀？"，并且下方显示带有对号的文本框，如图 7.8 所示。

图 7.7 积木代码

图 7.8 程序运行效果

（18）如果输入"95"，然后单击对号，这时评语是"张亮这次考的很好，成绩是优秀！"；如果输入"58"，然后单击对号，这时评语是"张亮这次考的很差，成绩是不及格！"，如图 7.9 所示。

图 7.9 根据学生成绩给出的评语

7.3 实例：面向鼠标变色的小猫

（1）双击 Scratch 快捷方式图标，就可以打开 Scratch 软件。单击菜单栏中的"文件/保存"命令，保存程序的文件名为"面向鼠标变色的小猫"。

（2）选择角色区中"角色1"，单击脚本中的"事件"，将鼠标指针指向 当 被点击 ，按下鼠标左键，拖动到脚本区。

（3）单击脚本中的"控制"，将鼠标指针指向 重复执行 ，按下鼠标左键拖动到脚本区并让其向上凹槽对准 当 被点击 的向下凸槽。

（4）单击脚本中的"运动"，将鼠标指针指向 面向 鼠标指针 ，按下鼠标左键拖动到脚本区并让其向上凹槽对准 重复执行 的向下凸槽。

（5）单击脚本中的"外观"，将鼠标指针指向 将 颜色 特效增加 25 ，按下鼠标左键拖动到脚本区并让其向上凹槽对准 面向 鼠标指针 的向下凸槽。

（6）单击脚本中的"运动"，将鼠标指针指向 y 坐标 ，按下鼠标左键拖动到 将 颜色 特效增加 25 的白色文本框中，如图7.10所示。

（7）单击舞台上方的 ▶ 按钮，运行程序，移动鼠标，就会发现小猫跟着鼠标移动，并且颜色在不断变化，如图7.11所示。

图 7.10　积木代码

图 7.11　面向鼠标变色的小猫

7.4　其他控制积木代码的作用

前面讲解了选择结构积木代码和循环结构积木代码，下面来讲解其他

第 7 章　Scratch 控制积木代码模块编程实例

控制积木代码。

　　![等待1秒] 积木代码的作用是：当执行该积木代码时，程序就会暂停 1 秒。当然可以根据程序实际情况设定等待的秒数。

　　![在 之前一直等待] 积木代码的作用是：当执行该积木代码时，程序在符合六边形条件之前，会一直运行；一旦符合条件，程序就会停止运行。

　　![重复执行直到] 积木代码的作用是：当执行该积木代码时，程序在符合六边形条件之前，会重复执行其下包括的积木代码；一旦符合条件，程序就会停止执行其下包括的积木代码。

　　![停止 全部] 积木代码的作用是：当执行该积木代码时，程序会全部停止。

单击其下拉按钮，会弹出下拉菜单，如果选择"当前脚本"，就只会停止当前脚本；如果选择"角色的其他脚本"，当前角色的当前脚本不会停止运行，但当前角色的其他脚本会停止运行。

　　![克隆 自己] 积木代码的作用是：当执行该积木代码时，会复制当前选择的角色。需要注意的是，如果舞台中有多个角色，可以单击其下拉按钮，选择要复制的角色。

　　![删除本克隆体] 积木代码的作用是：当执行该积木代码时，会删除当前克隆的自己。

　　![当作为克隆体启动时] 积木代码的作用是：当作为克隆体启动时，就执行该事件中编写好的脚本代码。

7.5　实例：计算 1+2+3+…+100

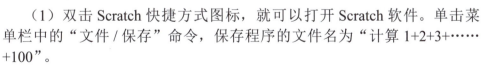

　　（1）双击 Scratch 快捷方式图标，就可以打开 Scratch 软件。单击菜单栏中的"文件/保存"命令，保存程序的文件名为"计算 1+2+3+……+100"。

　　（2）由于"角色 1"小猫在本例子中用不到，下面把它删除。选择角色区中的"角色 1"，单击鼠标右键，在弹出的菜单中单击"删除"命令即可。

　　（3）单击从角色库中选取角色按钮 ![icon]，弹出"角色库"对话框，选择角色"Sam"，如图 7.12 所示。

　　（4）单击"确定"按钮，就可以把"Sam"角色添加到舞台上。

105

（5）为了让我们的 Scratch 程序漂亮，下面来添加背景。单击从背景库中选择背景按钮![img], 弹出"背景库"对话框，如图 7.13 所示。

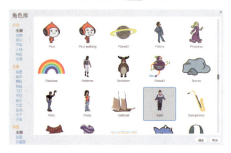

图 7.12　"角色库"对话框　　　　图 7.13　"背景库"对话框

（6）在这里选择"school2"，然后单击"确定"按钮，这时 Scratch 程序的背景就变成了"school2"图片。

（7）选择角色"Sam"，单击脚本中的"事件"，将鼠标指针指向![当绿旗被点击]，按下鼠标左键，拖动到脚本区。

（8）单击脚本中的"外观"，将鼠标指针指向![说 Hello! 2秒]，按下鼠标左键拖动到脚本区并让其向上凹槽对准![当绿旗被点击]的向下凸槽，然后修改说的内容为"1+2+3+……+100="，如图 7.14 所示。

（9）单击脚本中的"事件"，将鼠标指针指向![当角色被点击时]，按下鼠标左键，拖动到脚本区。

（10）单击脚本中的"数据"，再单击![建立一个变量]按钮，弹出"新建变量"对话框，如图 7.15 所示。

图 7.14　积木代码　　　　图 7.15　"新建变量"对话框

（11）设置变量名为"num"，然后单击"确定"按钮。同理，再新建一个变量，变量名为"sum"。其中 num 用来计数，而 sum 用来统计"1+2+3+……+100"的和。

（12）单击脚本中的"数据"，将鼠标指针指向![将num设定为0]，按下鼠标左键拖动到脚本区并让其向上凹槽对准![当角色被点击时]的向下凸槽，然后

第7章　Scratch 控制积木代码模块编程实例

设定 num 的值为 1。

（13）将鼠标指针指向 将 num 设定为 0，按下鼠标左键拖动到脚本区并让其向上凹槽对准 将 num 设定为 1 的向下凸槽，然后单击其下拉按钮，在弹出的菜单中选择"sum"，如图 7.16 所示。

（14）单击脚本中的"控制"，将鼠标指针指向 重复执行直到，按下鼠标左键拖动到脚本区并让其向上凹槽对准 将 sum 设定为 0 的向下凸槽。

（15）单击脚本中的"运算"，将鼠标指针指向 ＞ ，按下鼠标左键拖动到"重复执行直到"后的六边形中。

（16）单击脚本中的"数据"，将鼠标指针指向 num，按下鼠标左键拖动到 ＞ 的第一个白色方框中，在第二个白色方框中输入"100"。

（17）将鼠标指针指向 将 sum 增加 1，按下鼠标左键拖动到脚本区并让其向上凹槽对准 重复执行直到 num ＞ 100 的向下内凸槽。

（18）将鼠标指针指向 num，按下鼠标左键拖动到 将 sum 增加 1 的白色框中，如图 7.17 所示。

图 7.16　下拉菜单

图 7.17　积木代码

（19）将鼠标指针指向 将 sum 增加 1，按下鼠标左键拖动到脚本区并让其向上凹槽对准 将 sum 增加 num 的向下凸槽，然后单击其下拉按钮，在弹出的下拉菜单中选择"num"。

（20）单击脚本中的"外观"，将鼠标指针指向 说 Hello!，按下鼠标左键拖动到脚本区并让其向上凹槽对准 将 sum 增加 num 将 num 增加 1 的向下外凸槽。

（21）单击脚本中的"运算"，将鼠标指针指向 连接 hello 和 world，按下鼠标左键拖动到"说"后的文本框中，修改第一个文本框中的内容为

"1+2+3+......+100=",修改第二个文本框中的内容为 sum,如图 7.18 所示。

(22)单击舞台上方的 ▶ 按钮,运行程序,显示提示信息,如图 7.19 所示。

(23)单击角色"Sam",就会显示计算结果,如图 7.20 所示。

图 7.18　角色"Sam"的积木代码

图 7.19　提示信息

图 7.20　计算结果

7.6　实例:雪花飘舞的动画效果

(1)双击 Scratch 快捷方式图标,就可以打开 Scratch 软件。单击菜单栏中的"文件/保存"命令,保存程序的文件名为"雪花飘舞的动画效果"。

(2)由于"角色 1"小猫在本例子中用不到,下面把它删除。选择角色区中的"角色 1",单击鼠标右键,在弹出的菜单中单击"删除"命令即可。

(3)单击从角色库中选取角色按钮 ,弹出"角色库"对话框,选择角色"Snowflake",如图 7.21 所示。

(4)单击"确定"按钮,就可以把"Snowflake"角色添加到舞台上。

(5)为了让我们的 Scratch 程序漂亮,下面来添加背景。单击从背景库中选择背景按钮 ,弹出"背景库"对话框,如图 7.22 所示。

(6)在这里选择"tree-gifts",然后单击"确定"按钮,这时 Scratch 程序的背景就变成了"tree-gifts"图片。

(7)默认情况下,角色"Snowflake"是蓝色的,现在把它变成白色的。单击"造型"选项卡,再单击右侧工具栏中的为形状填色按钮 ,然后设置颜色为白色,然后单击雪花造型,如图 7.23 所示。

第 7 章　Scratch 控制积木代码模块编程实例

图 7.21　"角色库"对话框

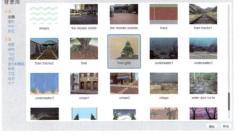

图 7.22　"背景库"对话框

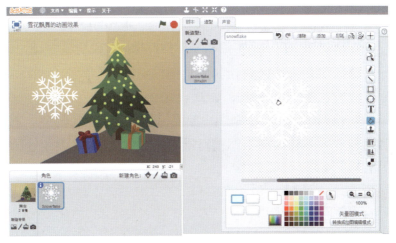

图 7.23　白色的雪花造型

（8）单击"脚本"选项卡，然后单击脚本中的"事件"，将鼠标指针指向 ▨，按下鼠标左键，拖动到脚本区。

（9）单击脚本中的"外观"，将鼠标指针指向 ▨，按下鼠标左键拖动到脚本区并让其向上凹槽对准 ▨ 的向下凸槽，然后修改角色大小为 2，这是雪花的大小。

（10）单击脚本中的"控制"，将鼠标指针指向 ▨，按下鼠标左键拖动到脚本区并让其向上凹槽对准 ▨ 的向下凸槽。

（11）单击脚本中的"运动"，将鼠标指针指向 ▨，按下鼠标左键拖动到脚本区并让其向上凹槽对准 ▨ 的向下凸槽，然后单击其下拉按钮，在下拉菜单中选择"随机位置"。

109

（12）将鼠标指针指向 `将y坐标设定为 0`，按下鼠标左键拖动到脚本区并让其向上凹槽对准 `移到 随机位置` 的向下凸槽，然后修改 y 坐标值为 180。

（13）单击脚本中的"控制"，将鼠标指针指向 `克隆 自己`，按下鼠标左键拖动到脚本区并让其向上凹槽对准 `将y坐标设定为 180` 的向下凸槽。

（14）单击脚本中的"外观"，将鼠标指针指向 `下移 1 层`，按下鼠标左键拖动到脚本区并让其向上凹槽对准 `克隆 自己` 的向下凸槽，然后修改下移 120 层，如图 7.24 所示。

（15）下面添加代码，实现雪花下落效果。单击脚本中的"控制"，将鼠标指针指向 `当作为克隆体启动时`，按下鼠标左键，拖动到脚本区。

（16）单击脚本中的"运动"，将鼠标指针指向 `在 1 秒内滑行到 x: -219 y: 180`，按下鼠标左键拖动到脚本区并让其向上凹槽对准 `当作为克隆体启动时` 的向下凸槽，然后修改秒数为 6，x 为 x 坐标，y 为 -180。

（17）单击脚本中的"控制"，将鼠标指针指向 `删除本克隆体`，按下鼠标左键拖动到脚本区并让其向上凹槽对准 `在 6 秒内滑行到: x 坐标 y: -180` 的向下凸槽，如图 7.25 所示。

图 7.24　程序启动积木代码　　图 7.25　当作为克隆体启动时积木代码

（18）下面添加代码，实现雪花的旋转效果。单击脚本中的"控制"，将鼠标指针指向 `当作为克隆体启动时`，按下鼠标左键，拖动到脚本区。

（19）将鼠标指针指向 `重复执行`，按下鼠标左键拖动到脚本区并让其向上凹槽对准 `当作为克隆体启动时` 的向下凸槽。

（20）单击脚本中的"运动"，将鼠标指针指向 `右转 15 度`，按下鼠标左键拖动到脚本区并让其向上凹槽对准 `重复执行` 的向下凸槽，如图 7.26 所示。

第 7 章　Scratch 控制积木代码模块编程实例

（21）单击舞台上方的 ▶ 按钮，运行程序，就可以看到雪花飘舞的动画效果，如图 7.27 所示。

图 7.26　雪花旋转积木代码　　　图 7.27　雪花飘舞的动画效果

第 8 章 Scratch 侦测积木代码模块编程实例

所有侦测积木代码都是用蓝色表示的。本章首先讲解作为条件的侦测积木代码的作用,接着通过实例:动物飞行比赛来剖析讲解;然后讲解作为参数的侦测积木代码的作用,接着通过实例:沙滩排球小游戏来剖析讲解;最后讲解其他侦测积木代码的作用。

8.1 作为条件的侦测积木代码的编程实例

作为条件的侦测积木代码,只用在选择结构语句中。作为条件的侦测积木代码有 5 个,如图 8.1 所示。

8.1.1 作为条件的侦测积木代码的作用

图 8.1 作为条件的侦测积木代码

`碰到 鼠标指针▼ ?` 积木代码的作用是:在选择结构语句中,如果角色碰到鼠标指针,条件就会成立,然后执行选择结构中的其他积木代码。

`碰到颜色 ■ ?` 积木代码的作用是:在选择结构语句中,如果角色碰到某指定颜色,条件就会成立,然后执行选择结构中的其他积木代码。

`颜色 ■ 碰到 ■ ?` 积木代码的作用是:在选择结构语句中,如果某指定颜色碰到另一种指定颜色,条件就会成立,然后执行选择结构中的其他积木代码。

`按键 空格▼ 是否按下?` 积木代码的作用是:在选择结构语句中,如果按下键盘上的空格键,条件就会成立,然后执行选择结构中的其他积木代码。单击其下拉按钮，可以选择不同的键。

鼠标键被按下？积木代码的作用是：在选择结构语句中，如果鼠标键被按下，条件就会成立，然后执行选择结构中的其他积木代码。

8.1.2 实例：动物飞行比赛

（1）双击 Scratch 快捷方式图标，就可以打开 Scratch 软件。单击菜单栏中的"文件/保存"命令，保存程序的文件名为"动物飞行比赛"。

（2）由于"角色1"小猫在本例子中用不到，下面把它删除。选择角色区中的"角色1"，单击鼠标右键，在弹出的菜单中单击"删除"命令即可。

（3）单击从角色库中选取角色按钮，弹出"角色库"对话框，按下键盘上的"Shift"键，选择角色"Cat1 Flying"、"Dove2"、"Hippo1"和"Parrot"，如图 8.2 所示。

（4）单击"确定"按钮，就可以把 4 个角色添加到舞台上。

（5）为了让我们的 Scratch 程序漂亮，下面来添加背景。单击从背景库中选择背景按钮，弹出"背景库"对话框，如图 8.3 所示。

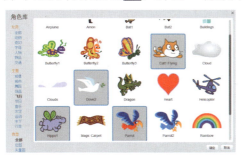

图 8.2　"角色库"对话框　　　图 8.3　"背景库"对话框

（6）在这里选择"track"，然后单击"确定"按钮，这时 Scratch 程序的背景就变成了"track"图片。

（7）单击绘制新角色按钮，就会打开"造型"面板，然后单击线段按钮，按下键盘上的"Shift"键，绘制一条垂直的线段，角色名为"角色1"，如图 8.4 所示。

（8）下面再来添加一个按钮，单击从角色库中选取角色按钮，弹出"角色库"对话框，选择"Button2"，如图 8.5 所示。

（9）单击"确定"按钮，就可以把"Button2"角色添加到舞台上，然后单击"造型"选项卡，再找到文本按钮 T，然后在按钮上单击，接着输入"Start"，如图 8.6 所示。这样舞台就布局完毕了。

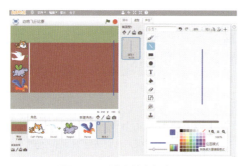
图 8.4　绘制新角色

图 8.5　"角色库"对话框

（10）下面来为各角色添加积木代码。选择角色"Button2"，单击"脚本"选项卡，再单击脚本中的"事件"，将鼠标指针指向 当 ▶ 被点击，按下鼠标左键，拖动到脚本区。

（11）单击脚本中的"外观"，将鼠标指针指向 说 Hello! 2 秒，按下鼠标左键拖动到脚本区并让其向上凹槽对准 当 ▶ 被点击 的向下凸槽，然后修改说的内容为"比赛马上开始，大家做好准备！"，如图 8.7 所示。

图 8.6　文本按钮

图 8.7　程序启动时积木代码

（12）单击脚本中的"事件"，将鼠标指针指向 当角色被点击时，按下鼠标左键，拖动到脚本区。

（13）单击脚本中的"外观"，将鼠标指针指向 说 Hello! 2 秒，按下鼠标左键拖动到脚本区并让其向上凹槽对准 当角色被点击时 的向下凸槽，然后修改说的内容为"比赛开始！"，再修改时间为 1 秒。

（14）为了能让动物们听到，要广播一下。单击脚本中的"事件"，将鼠标指针指向 广播 消息1 ▼，按下鼠标左键拖动到脚本区并让其向上凹槽对准 说 比赛开始！ 1 秒 的向下凸槽；然后再单击其下拉按钮，弹出下拉菜单，单

第 8 章　Scratch 侦测积木代码模块编程实例

击"新消息"命令,弹出"新消息"对话框,如图 8.8 所示。

（15）设置消息名称为"比赛开始!",这时积木代码如图 8.9 所示。

图 8.8　"新消息"对话框　　　　图 8.9　当角色被点击时积木代码

（16）选择角色"Cat1 Flying",单击脚本中的"事件",将鼠标指针指向 当接收到 比赛开始! ,按下鼠标左键,拖动到脚本区。

（17）单击脚本中的"运动",将鼠标指针指向 移到 x: -185 y: 95 ,按下鼠标左键拖动到脚本区并让其向上凹槽对准 当接收到 比赛开始! 的向下凸槽。

（18）单击脚本中的"控制",将鼠标指针指向 重复执行 ,按下鼠标左键拖动到脚本区并让其向上凹槽对准 移到 x: -185 y: 95 的向下凸槽。

（19）单击脚本中的"运动",将鼠标指针指向 移动 10 步 ,按下鼠标左键拖动到脚本区并让其向上凹槽对准 重复执行 的向下凸槽。

（20）下面为移动步数设定随机数。单击脚本中的"运算",将鼠标指针指向 在 1 到 10 间随机选一个数 ,按下鼠标左键拖动到"10"所在的白色框中,然后修改"1"为"5",修改"10"为"30",即随机步数是 5～30,如图 8.10 所示。

（21）单击脚本中的"外观",将鼠标指针指向 下一个造型 ,按下鼠标左键拖动到脚本区并让其向上凹槽对准 移动 在 5 到 30 间随机选一个数 步 的向下凸槽。

（22）单击脚本中"控制",将鼠标指针指向 等待 1 秒 ,按下鼠标左键拖动到脚本区并让其向上凹槽对准 下一个造型 的向下凸槽。

（23）将鼠标指针指向 如果 那么 ,按下鼠标左键拖动到脚本区并让其向上凹槽对准 等待 1 秒 的向下凸槽。

（24）单击脚本中的"侦测",将鼠标指针指向 碰到 鼠标指针▼ ? ,按下鼠标左键拖动到"如果"后面的六边形中,然后单击其下拉按钮,在弹出的菜单中选择"角色1",如图 8.11 所示。

（25）单击脚本中的"声音",将鼠标指针指向 播放声音 pop ,按下鼠标左键拖动到脚本区并让其向上凹槽对准 如果 碰到 角色1▼ ? 那么 的向下内凸槽。

115

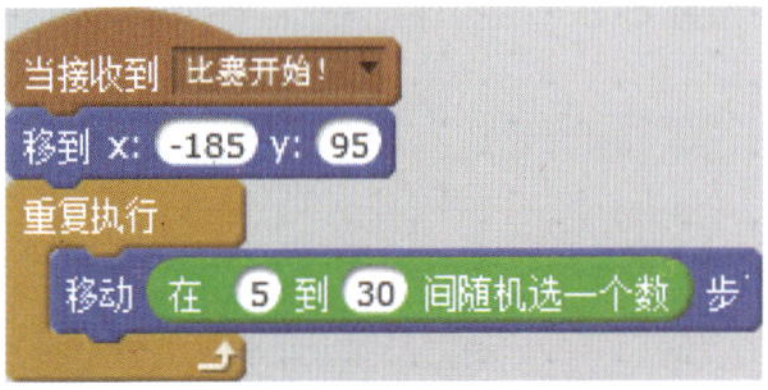

图 8.10　随机步数　　　　图 8.11　在弹出的菜单中选择"角色 1"

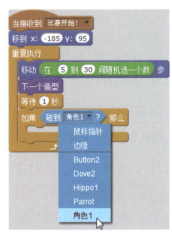

（26）单击脚本中的"外观"，将鼠标指针指向 [说 Hello! 2 秒]，按下鼠标左键拖动到脚本区并让其向上凹槽对准 [播放声音 pop] 的向下凸槽，然后修改说的内容为"哈哈，我是第一名，我赢了！"。

（27）单击脚本中的"控制"，将鼠标指针指向 [停止 全部]，按下鼠标左键拖动到脚本区并让其向上凹槽对准 [说 哈哈,我是第一名,我赢了! 2 秒] 的向下凸槽，如图 8.12 所示。

（28）下面复制角色"Cat1 Flying"的积木代码，粘贴到角色"Dove2"上。将鼠标指针指向角色"Cat1 Flying"的积木代码，单击鼠标右键，在弹出的菜单中单击"复制"命令，然后将鼠标指针移到角色区的"Dove2"角色上，再单击即可。

（29）这时，单击角色"Dove2"，就可以看到粘贴过来的积木代码。修改 [移到 x: -185 y: 95] 为 [移到 x: -191 y: 30]。单击播放声音下拉按钮，在弹出的下拉菜单中选择"bird"，如图 8.13 所示。

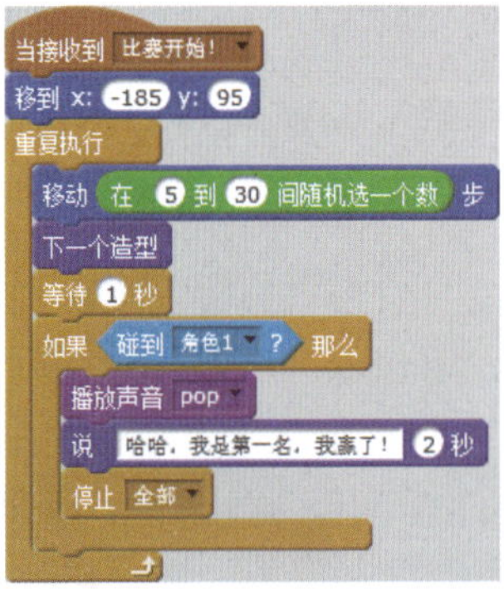

图 8.12　角色"Cat1 Flying"的积木代码 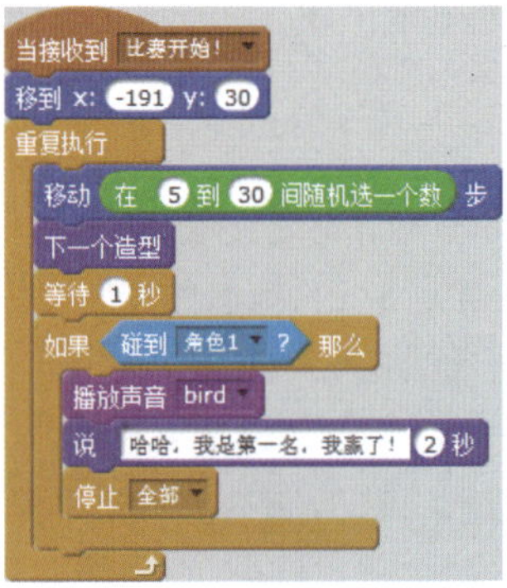　　　图 8.13　角色"Dove2"的积木代码

(30)同理,复制角色"Cat1 Flying"的积木代码,粘贴到角色"Hippo1"上。修改 移到 x: -185 y: 95 为 移到 x: -198 y: -15。单击播放声音下拉按钮,在弹出的下拉菜单中选择"meow",如图8.14所示。

(31)同理,复制角色"Cat1 Flying"的积木代码,粘贴到角色"Parrot"上。修改 移到 x: -185 y: 95 为 移到 x: -201 y: -88。单击播放声音下拉按钮,在弹出的下拉菜单中选择"bird",如图8.15所示。

图8.14 角色"Hippo1"的积木代码　　图8.15 角色"Parrot"的积木代码

(32)单击舞台上方的 ▶ 按钮,运行程序,首先是提示信息,即"比赛马上开始,大家做好准备!",如图8.16所示。

(33)单击"Start"按钮,四只动物就开始飞行,注意这里飞行是随机速度,即5~30。当一只动物碰到终点线时,首先发出胜利的声音,然后显示获胜提示信息,游戏结束,如图8.17所示。

图8.16 提示信息　　图8.17 游戏效果

8.2 作为参数的侦测积木代码的编程实例

作为参数的侦测积木代码有 11 个，下面进行具体讲解。

8.2.1 作为参数的侦测积木代码的作用

`到 鼠标指针 的距离` 积木代码的作用是：一般会与运算中的积木代码一起在选择结构语句中使用，即到鼠标指针的距离怎么样时，会发生什么事。

`回答` 积木代码的作用是：一般与 `询问 What's your name? 并等待` 一起使用，即回答的内容为询问的内容，这样回答就可以作为动态参数使用。

`鼠标的x坐标` 积木代码的作用是：显示当前鼠标的 x 坐标，这是一个动态参数，常常与运动、外观、画笔积木代码一块使用。

`鼠标的y坐标` 积木代码的作用是：显示当前鼠标的 y 坐标，这是一个动态参数，常常与运动、外观、画笔积木代码一块使用。

`响度` 积木代码的作用是：显示麦克风测得的音量（1 至 100），响度可以作为动态参数使用。

`视频 动作 对于 当前角色` 积木代码的作用是：测量视频图像中的运动或方向。

`计时器` 积木代码的作用是：以秒为单位报告计时器的数值。一般会与运算中的积木代码一起在选择结构语句中使用，即计时器多少时，会发生什么事。

`x坐标 对于 角色1` 积木代码的作用是：显示角色或舞台的某项属性。

`目前时间的 分` 积木代码的作用是：显示当前的时间，单位默认为分，单击其下拉按钮，可以选择年、月、日、周、时、秒。

`自2000年至今的天数` 积木代码的作用是：显示从 2000 年以来的天数。

`用户名` 积木代码的作用是：显示浏览者的用户名。

8.2.2 实例：沙滩排球小游戏

（1）双击 Scratch 快捷方式图标，就可以打开 Scratch 软件。单击菜单栏中的"文件/保存"命令，保存程序的文件名为"沙滩排球小游戏"。

（2）由于"角色 1"小猫在本例子中用不到，下面把它删除。选择角色区中的"角色 1"，单击鼠标右键，在弹出的菜单中单击"删除"命令即可。

（3）单击从角色库中选取角色按钮，弹出"角色库"对话框，按下键盘上的"Shift"键，选择角色"Beachball"和"Magic Wand"，如图 8.18 所示。

（4）单击"确定"按钮，就可以把两个角色添加到舞台上。

第8章　Scratch 侦测积木代码模块编程实例

（5）为了让我们的 Scratch 程序漂亮，下面来添加背景。单击从背景库中选择背景按钮，弹出"背景库"对话框，如图 8.19 所示。

图 8.18　"角色库"对话框　　　　图 8.19　"背景库"对话框

（6）在这里选择"beach malibu"，然后单击"确定"按钮，这时 Scratch 程序的背景就变成了"beach malibu"图片。

（7）单击绘制新角色按钮，就会打开"造型"面板，再单击矩形按钮，然后绘制一条填充颜色为红色的矩形，角色名为"角色1"，如图 8.20 所示。

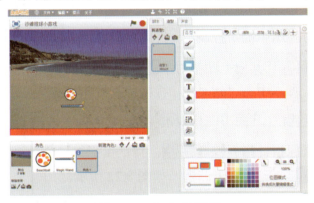

图 8.20　红色的矩形

（8）下面添加积木代码。选择角色"Magic Wand"，单击"脚本"选项卡，再单击脚本中的"事件"，将鼠标指针指向　　　　　　，按下鼠标左键，拖动到脚本区。

（9）单击脚本中的"控制"，将鼠标指针指向　　　　　，按下鼠标左键拖动到脚本区并让其向上凹槽对准　　　　　　的向下凸槽。

（10）单击脚本中的"运动"，将鼠标指针指向　　　　　　　，按下鼠标左键拖动到脚本区并让其向上凹槽对准　　　　　的向下凸槽。

（11）将鼠标指针指向 `将y坐标设定为 0`，按下鼠标左键拖动到脚本区并让其向上凹槽对准 `将x坐标设定为 0` 的向下凸槽。

（12）单击脚本中的"侦测"，将鼠标指针指向 `鼠标的x坐标`，按下鼠标左键拖动到 `将x坐标设定为 0` 的白色文本框中。

（13）将鼠标指针指向 `鼠标的y坐标`，按下鼠标左键拖动到 `将y坐标设定为 0` 的白色文本框中，如图8.21所示。

（14）这时，单击舞台上方的 ▶ 按钮，运行程序，当鼠标移动时，角色"Magic Wand"就会跟随移动。

（15）选择角色"Beachball"，单击"脚本"选项卡，再单击脚本中的"事件"，将鼠标指针指向 `当 ▶ 被点击`，按下鼠标左键，拖动到脚本区。

（16）单击脚本中的"运动"，将鼠标指针指向 `面向 90▼ 方向`，按下鼠标左键拖动到脚本区并让其向上凹槽对准 `当 ▶ 被点击` 的向下凸槽，然后修改"90"为"45"，这样角色"Beachball"运动时就以45度角方向运动。

（17）单击脚本中的"控制"，将鼠标指针指向 `重复执行`，按下鼠标左键拖动到脚本区并让其向上凹槽对准 `面向 45▼ 方向` 的向下凸槽。

（18）单击脚本中的"运动"，将鼠标指针指向 `移动 10 步`，按下鼠标左键拖动到脚本区并让其向上凹槽对准 `重复执行` 的向下凸槽。

（19）将鼠标指针指向 `碰到边缘就反弹`，按下鼠标左键拖动到脚本区并让其向上凹槽对准 `移动 10 步` 的向下凸槽，如图8.22所示。

图8.21 角色"Magic Wand"的积木代码

图8.22 角色"Beachball"来回运动积木代码

（20）这时，单击舞台上方的 ▶ 按钮，运行程序，角色"Beachball"就会在舞台上以45度角方向来回运动。

第 8 章　Scratch 侦测积木代码模块编程实例

（21）下面继续为角色"Beachball"添加积木代码，实现每次碰到角色"Magic Wand"，变量 num 就会增加 1，然后角色"Beachball"会播放声音"pop"，并将颜色特效增加 25，最后向右旋转 180 度。首先创建变量 num。单击脚本中的"数据"，再单击 建立一个变量 按钮，弹出"新建变量"对话框，如图 8.23 所示。

（22）设置变量名为"num"，然后单击"确定"按钮即可。

（23）将鼠标指针指向 `将 num 设定为 0`，按下鼠标左键拖动到脚本区并让其向上凹槽对准 `当 ▶ 被点击` 的向下凸槽，这样每当程序启动时，变量 num 都变成 0。

（24）单击脚本中的"控制"，将鼠标指针指向 `如果 那么`，按下鼠标左键拖动到脚本区并让其向上凹槽对准 `碰到边缘就反弹` 的向下凸槽。

（25）单击脚本中的"侦测"，将鼠标指针指向 `碰到 鼠标指针 ?`，按下鼠标左键拖动到"如果"后面的六边形中，然后单击其下拉按钮，在弹出的下拉菜单中选择"Magic Wand"，如图 8.24 所示。

图 8.23　"新建变量"对话框

图 8.24　在弹出的下拉菜单中选择"Magic Wand"

（26）单击脚本中的"数据"，将鼠标指针指向 `将 num 增加 1`，按下鼠标左键拖动到脚本区并让其向上凹槽对准 `如果 碰到 Magic Wand ? 那么` 的向下内凸槽。

（27）单击脚本中的"声音"，将鼠标指针指向 `播放声音 pop`，按下鼠标左键拖动到脚本区并让其向上凹槽对准 `将 num 增加 1` 的向下凸槽。

（28）单击脚本中的"外观"，将鼠标指针指向 `将 颜色 特效增加 25`，按下鼠标左键拖动到脚本区并让其向上凹槽对准 `播放声音 pop` 的向下凸槽。

（29）单击脚本中的"运动"，将鼠标指针指向 `右转 ↻ 15 度`，按下鼠标左键拖动到脚本区并让其向上凹槽对准 `将 颜色▼ 特效增加 25` 的向下凸槽，然后修改右转为175度，如图8.25所示。

（30）单击脚本中的"控制"，将鼠标指针指向 `如果 那么`，按下鼠标左键拖动到脚本区并让其向上凹槽对准

```
如果 碰到 Magic Wand ▼ ？ 那么
  将 num▼ 增加 1
  播放声音 pop
  将 颜色▼ 特效增加 25
  右转 ↻ 175 度
```

的向下外凸槽。

（31）单击脚本中的"侦测"，将鼠标指针指向 `碰到颜色 ■ ？`，按下鼠标左键拖动到"如果"后面的六边形中，然后单击颜色块，将鼠标指针指向舞台中的"角色1"，这时颜色就变成"红色"。

（32）如果角色"Beachball"碰到红色，意味着排球落地，游戏结束。在游戏结束之前，再来做一个判断。如果num的数量大于20，并且运行时间小于15秒，表示你赢了，否则表示你失败了。单击脚本中的"控制"，将鼠标指针指向 `如果 那么 否则`，按下鼠标左键拖动到脚本区并让其向上凹槽对准 `如果 那么` 的向下内凸槽。

（33）单击脚本中的"运算"，将鼠标指针指向 `○ 与 ○`，按下鼠标左键拖动到"如果"后面的六边形中。

（34）将鼠标指针指向 `□ > □`，按下鼠标左键拖动到 `○ 与 ○` 的第一个六边形中。接着单击脚本中的"数据"，将鼠标指针指向 `num`，按下鼠标左键拖动到每一个白色方框中，然后在第二个白色方框中输入"20"。

（35）将鼠标指针指向 `□ < □`，按下鼠标左键拖动到 `○ 与 ○` 的第二个六边形中。接着单击脚本中的"侦测"，将鼠标指针指向 `计时器`，按下鼠标左键拖动到每一个白色方框中，然后在第二个白色方框中输入"15"。

（36）需要注意的是，每次程序运行时，记时器都要先归零，所以将鼠标指针指向 `计时器归零`，按下鼠标左键拖动到脚本区并让其向上凹槽对准 `当 ▶ 被点击` 的向下凸槽，如图8.26所示。

（37）单击脚本中的"外观"，将鼠标指针指向 `说 Hello! 2 秒`，按下鼠标左键拖动到"那么"下面的向下凸槽中，然后修改内容为"您太厉害了！您赢了！"。

(38)将鼠标指针指向 说 Hello! 2秒,按下鼠标左键拖动到"否则"下面的向下凸槽中,然后修改内容为"对不起,你输了!"。

图 8.25 碰到角色"Magic Wand"的积木代码

图 8.26 判断游戏输赢的条件

(39)单击脚本中的"控制",将鼠标指针指向 停止 全部 ,按下鼠标左键拖动到脚本区并让其向上凹槽对准  的向下外凸槽,如图 8.27 所示。

(40)单击舞台上方的 ▶ 按钮,运行程序,这样就可以玩沙滩排球小游戏,如图 8.28 所示。

图 8.27 角色"Beachball"的积木代码　　图 8.28 玩沙滩排球小游戏

（41）如果接沙滩排球的次数大于 20，并且时间小于 15 秒，就会显示"你太厉害了！你赢了！"，否则就会显示"对不起，你输了！"，如图 8.29 所示。

图 8.29　玩沙滩排球小游戏结束后的提示信息

8.3　其他侦测积木代码的作用

前面讲解了作为条件的侦测积木代码和作为参数的侦测积木代码，下面来讲解其他侦测积木代码的作用。

`询问 What's your name? 并等待` 积木代码的作用是：用来发问，并把键盘输入的内容存放到 `回答` 中。问题以对话泡泡的方式出现在屏幕上。程序会等待用户键入答复，直到按下回车键或单击了对勾。

`将摄像头 开启` 积木代码的作用是：用来设置将摄像头开启或关闭或以左右翻转模式开启。

`将视频透明度设置为 50 %` 积木代码的作用是：设置视频的透明度。输入 0 到 100 之间的任意数，数值愈大，影像愈透明；反之，数值愈小则影像愈不透明。

`计时器归零` 积木代码的作用是：用来将计时器重置（重新归零）。

第 9 章 Scratch 运算积木代码模块编程实例

所有运算积木代码都是用绿色表示的。本章首先讲解算术运算积木代码的作用，接着通过实例：小猫做算术运算来剖析讲解；然后讲解关系运算积木代码的作用，接着通过实例：小猫判断数的大小来剖析讲解；然后讲解逻辑运算积木代码的作用，接着通过实例：剪刀石头布游戏来剖析讲解；最后讲解其他运算积木代码的作用，接着通过实例：随鼠标移动的飞舞多彩小球来剖析讲解。

9.1 算术运算积木代码的编程实例

算术运算积木代码有 6 个，分别是加、减、乘、除、求余数、四舍五入，如图 9.1 所示。

9.1.1 算术运算积木代码的作用

积木代码的作用是：把两个数加起来，求和。这两个数可以是常量，也可以是变量。常量就是程序运行过程中不变的量，如 5、5.3、-10.8 等；而变量是程序运程过程中可以变化的量，如角色的 x 坐标值、鼠标的 y 坐标等。例如 3+5=8。

积木代码的作用是：两个数相减，求差。这两个数可以是常量，也可以是变量。例如 5-3=2。

积木代码的作用是：把两个数乘起来，求积。这两个数可以是常量，也可以是变

图 9.1 算术运算积木代码

量。例如 5×3=15。

积木代码的作用是：两个数相除，求商。这两个数可以是常量，也可以是变量。例如 9÷2=4.5。

积木代码的作用是：两个数相除，求余数。这两个数可以是常量，也可以是变量。例如 9÷2 的余数为 1。

积木代码的作用是：将一个数四舍五入，这个数可以是常量，也可以是变量。例如 9.3 四舍五入就是 9，6.7 四舍五入就是 7。

9.1.2 实例：小猫做算术运算

（1）双击 Scratch 快捷方式图标，就可以打开 Scratch 软件。单击菜单栏中的"文件/保存"命令，保存程序的文件名为"小猫做算术运算"。

（2）单击从角色库中选取角色按钮，弹出"角色库"对话框，选择角色"Button1"，如图 9.2 所示。

（3）单击"确定"按钮，就可以把"Button1"角色添加到舞台上。

（4）为了让我们的 Scratch 程序漂亮，下面来添加背景。单击从背景库中选择背景按钮，弹出"背景库"对话框，如图 9.3 所示。

（5）在这里选择"blue sky2"，然后单击"确定"按钮，这时 Scratch 程序的背景就变成了"blue sky2"图片。

（6）选择角色"Button1"，单击"造型"选项卡，再单击文本按钮，然后输入"+"号，如图 9.4 所示。

 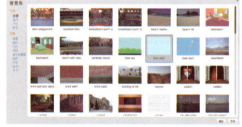

图 9.2 "角色库"对话框　　　　图 9.3 "背景库"对话框

（7）选择角色区中的"Button1"，单击鼠标右键，在弹出的菜单中单击"复制"命令，然后修改"+"号为"-"号。

（8）再复制 4 个按钮，然后修改各按钮的文字，如图 9.5 所示。

（9）下面为各个按钮添加积木代码。首先新建三个变量，单击脚本中的"数据"，再单击 建立一个变量 按钮，弹出"新建变量"对话框，如图 9.6 所示。

（10）再新建两个变量，变量名分别是 num2 和 result1。

第 9 章　Scratch 运算积木代码模块编程实例

图 9.4　输入"+"号

图 9.5　修改各按钮的文字

（11）单击"脚本"选项卡，再单击脚本中的"事件"，将鼠标指针指向 当角色被点击时 ，按下鼠标左键，拖动到脚本区。

（12）将鼠标指针指向 广播 消息1▼ ，按下鼠标左键拖动到脚本区并让其向上凹槽对准 当角色被点击时 的向下凸槽，单击其下拉按钮，在弹出的菜单中单击"新消息"命令，弹出"新消息"对话框，如图 9.7 所示。

图 9.6　"新建变量"对话框

图 9.7　"新消息"对话框

（13）设置消息名称为"加法运算"，然后单击"确定"按钮，这时积木代码如图 9.8 所示。

（14）选择角色区中的"角色 1"，将鼠标指针指向 当接收到 加法运算▼ ，按下鼠标左键，拖动到脚本区。

（15）单击脚本区中的"侦测"，将鼠标指针指向 询问 What's your name? 并等待 ，按下鼠标左键拖动到脚本区并让其向上凹槽对准 当接收到 加法运算▼ 的向下凸槽，然后修改询问内容为"请输入第一个数："。

（16）单击脚本区中的"数据"，将鼠标指针指向 将 result1▼ 设定为 0 ，按下鼠标左键拖动到脚本区并让其向上凹槽对准 询问 请输入第一个数： 并等待 的向下凸槽，然后单击其下拉按钮，在弹出的下拉菜单中选择"num1"。

127

（17）单击脚本区中的"侦测"，将鼠标指针指向 回答 ，按下鼠标左键拖动到 将 num1 设定为 □ 的白色文本框中。

（18）同理，再拖入一个 询问 What's your name? 并等待 和一个 将 result1 设定为 0 ，修改询问内容为"请输入第二个数："，修改变量为"num2"，最后把 回答 拖动到 将 num2 设定为 □ 的白色文本框中，如图9.9所示。

图9.8　"+"号按钮的积木代码　　　图9.9　积木代码

（19）单击脚本区中的"数据"，将鼠标指针指向 将 result1 设定为 0 ，按下鼠标左键拖动到脚本区并让其向上凹槽对准 将 num2 设定为 回答 的向下凸槽。

（20）单击脚本区中的"运算"，将鼠标指针指向 ○+○ ，按下鼠标左键拖动到 将 result1 设定为 0 的白色文本框中，然后把 num1 拖动到第一个白色圆框中，把 num2 拖动到第一个白色圆框中，如图9.10所示。

（21）单击舞台上方的 ▶ 按钮，运行程序，单击"+"按钮，就提醒请输入第一个数，如图9.11所示。

图9.10　加法运算积木代码　　　图9.11　提醒请输入第一个数

（22）在这里输入"28"，然后单击对号，这时num1就显示为28，然后提醒请输入第二个数，如图9.12所示。

（23）在这里输入"16"，然后单击对号，这时num2就显示为16，

第 9 章　Scratch 运算积木代码模块编程实例

这时在 result1 中就显示出两个数的相加结果，即 28+16=44，如图 9.13 所示。

图 9.12　请输入第二个数

图 9.13　两个数的相加结果

（24）单击角色区中的"+"号按钮，然后选择脚本中的积木代码，单击鼠标右键，在弹出的菜单中单击"复制"，然后将鼠标移动到角色区中的"-"号按钮，再单击，就把"+"号按钮的积木代码复制到了"-"号按钮上。

（25）单击角色区中的"-"号按钮，再单击广播后的下拉按钮，在弹出的菜单中单击"新消息"命令，弹出"新消息"对话框，如图 9.14 所示。

（26）设置消息名称为"减法运算"，然后单击"确定"按钮，这时代码如图 9.15 所示。

（27）选择加法运算积木代码，单击鼠标右键，在弹出的菜单中单击"复制"，然后修改"广播加法运算"为"广播减法运算"，再把 变成 ，积木代码如图 9.16 所示。

图 9.14　"新消息"对话框

图 9.15　"-"号按钮的积木代码

（28）单击舞台上方的 按钮，运行程序，再单击"-"号按钮，显示提示信息，输入第一个数，再输入第二个数，然后就可以计算出两个数的差，如图 9.17 所示。

（29）"×"号按钮的积木代码如图 9.18 所示。

（30）"×"号功能实现的积木代码如图 9.19 所示。

图9.16 减法运算积木代码　　图9.17 计算出两个数的差

图9.18 "×"号按钮的积木代码　　图9.19 "×"号功能实现的积木代码

（31）"÷"号按钮的积木代码如图9.20所示。

（32）"÷"号功能实现的积木代码如图9.21所示。

图9.20 "÷"号按钮的积木代码　　图9.21 "÷"号功能实现的积木代码

（33）单击舞台上方的 ▶ 按钮，运行程序，单击"×"号按钮，显示提示信息，输入第一个数，再输入第二个数，然后就可以计算出两个数的积，如图9.22所示。

（34）单击"÷"号按钮，显示提示信息，输入第一个数，再输入第二个数，然后就可以计算出两个数的商，如图9.23所示。

第 9 章　Scratch 运算积木代码模块编程实例

图 9.22　两个数的积　　　　　图 9.23　两个数的商

（35）"mod"按钮的积木代码如图 9.24 所示。

（36）"mod"功能实现的积木代码如图 9.25 所示。

图 9.24　"mod"按钮的积木代码　　图 9.25　"mod"功能实现的积木代码

（37）"≈"号按钮的积木代码如图 9.26 所示。

（38）"≈"号功能实现的积木代码如图 9.27 所示。

图 9.26　"≈"号按钮的积木代码　　图 9.27　"≈"号功能实现的积木代码

（39）单击舞台上方的 ▶ 按钮，运行程序，再单击"mod"按钮，显示提示信息，输入第一个数，再输入第二个数，然后就可以计算出两个数相除的余数，如图 9.28 所示。

（40）单击"≈"号按钮，显示提示信息，输入第一个数，再输入第二个数，然后就可以计算出两个数相除的得数，并四舍五入，如图 9.29 所示。

图9.28 两个数相除的余数

图9.29 两个数相除的得数并四舍五入

9.2 关系运算积木代码的编程实例

关系运算积木代码有 3 个，分别是小于、等于、大于，如图 9.30 所示。

9.2.1 关系运算积木代码的作用

`< ` 积木代码的作用是：小于，返回 x 是否小于 y。所有关系运算符返回 1 表示真，返回 0 表示假。这分别与特殊的变量 True 和 False 等价。

图9.30 关系运算积木代码

`= ` 积木代码的作用是：等于，比较 x 和 y 是否相等。

`> ` 积木代码的作用是：大于，返回 x 是否大于 y。

9.2.2 实例：小猫判断数的大小

（1）双击 Scratch 快捷方式图标，就可以打开 Scratch 软件。单击菜单栏中的"文件/保存"命令，保存程序的文件名为"小猫判断数的大小"。

（2）下面来添加积木代码。单击"脚本"选项卡，再单击脚本中的"事件"，将鼠标指针指向 当▶被点击 ，按下鼠标左键，拖动到脚本区。

（3）单击脚本区中的"控制"，将鼠标指针指向 ，按下鼠标左键拖动到脚本区并让其向上凹槽对准 当▶被点击 的向下凸槽。即本程

第9章 Scratch 运算积木代码模块编程实例

序共做 10 次判断。

（4）下面新建一个变量。单击脚本中的"数据"，再单击 按钮，弹出"新建变量"对话框，如图 9.31 所示。

（5）单击"确定"按钮，就可以新建 num 变量。将鼠标指针指向 ，按下鼠标左键拖动到脚本区并让其向上凹槽对准 的向下凸槽。

（6）单击脚本区中的"运算"，将鼠标指针指向 ，按下鼠标左键拖动到 的白色文本框中，然后修改随机数在 95 到 105 之间。

（7）单击脚本区中的"控制"，将鼠标指针指向 ，按下鼠标左键拖动到脚本区并让其向上凹槽对准 的向下凸槽。

（8）单击脚本区中的"运算"，将鼠标指针指向 ，按下鼠标左键拖动到"如果"后面的六边形中。然后把变量 num 放到第一个白色文本框中，在第二个文本框中输入"100"。

（9）单击脚本区中的"外观"，将鼠标指针指向 ，按下鼠标左键拖动到脚本区并让其向上凹槽对准 的向下内凸槽，然后修改说的内容为"这个数小于 100！"。

（10）同理，再添加其他条件内容，方法与第一个几乎相同，这里不再赘述。

（11）添加一个 ，并修改等待时间为 2 秒，即提示信息消失后，继续出现随机数，继续判断，如图 9.32 所示。

图 9.31 "新建变量"对话框

图 9.32 积木代码

（12）单击舞台上方的 ▶ 按钮，运行程序，就会产生随机数，并且在变量 num 中显示。然后小猫进行判断，如果产生的随机数大于 100，就会显示"这个数大于 100！"；如果产生的随机数小于 100，就会显示"这个数小于 100！"；如果产生的随机数等于 100，就会显示"这个数等于 100！"，如图 9.33 所示。

图 9.33　小猫判断数的大小

9.3　逻辑运算积木代码的编程实例

逻辑运算积木代码有 3 个，分别是与、或、不成立，如图 9.34 所示。

9.3.1　逻辑运算积木代码的作用

`与` 积木代码的作用是：布尔"与"，逻辑表达式为 x and y。如果 x 为 False，x and y 返回 False，否则它返回 y 的计算值。

`或` 积木代码的作用是：布尔"或"，逻辑表达式为 x or y。如果 x 是 True，它返回 x 的值，否则它返回 y 的计算值。

图 9.34　逻辑运算积木代码

`不成立` 积木代码的作用是：布尔"非"，逻辑表达式为 not x。如果 x 为 True，返回 False；如果 x 为 False，它返回 True。

9.3.2　实例：剪刀石头布游戏

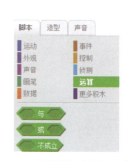

（1）双击 Scratch 快捷方式图标，就可以打开 Scratch 软件。单击菜单

第9章　Scratch 运算积木代码模块编程实例

栏中的"文件 / 保存"命令，保存程序的文件名为"剪刀石头布游戏"。

（2）由于"角色1"小猫在本例子中用不到，下面把它删除。选择角色区中的"角色1"，单击鼠标右键，在弹出的菜单中单击"删除"命令即可。

（3）单击从角色库中选取角色按钮，弹出"角色库"对话框，选择角色"Calvrett"，如图 9.35 所示。

（4）单击"确定"按钮，就可以把"Calvrett"角色添加到舞台上。

（5）为了让我们的 Scratch 程序漂亮，下面来添加背景。单击从背景库中选择背景按钮，弹出"背景库"对话框，如图 9.36 所示。

图 9.35　"角色库"对话框

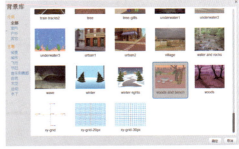
图 9.36　"背景库"对话框

（6）在这里选择"woods and bench"，然后单击"确定"按钮，这时 Scratch 程序的背景就变成了"woods and bench"图片。

（7）下面添加积木代码，首先要创建两个变量。单击脚本中的"数据"，再单击 建立一个变量 按钮，弹出"新建变量"对话框，如图 9.37 所示。

（8）单击"确定"按钮，就可新建变量 num1，该变量用来表示角色"Calvrett"说的数。

（9）同理，再建一个变量 num2，该变量用来表示另一个玩家说的数。

（10）在这里定义 0 表示剪刀，1 表示石头，2 表示布。

（11）单击"脚本"选项卡，再单击脚本中的"事件"，将鼠标指针指向 当 ▶ 被点击 ，按下鼠标左键，拖动到脚本区。

（12）单击脚本中的"控制"，将鼠标指针指向 重复执行 10 次 ，按下鼠标左键拖动到脚本区并让其向上凹槽对准 当 ▶ 被点击 的向下凸槽。

（13）单击脚本中的"侦测"，将鼠标指针指向 询问 What's your name? 并等待 ，按下鼠标左键拖动到脚本区并让其向上凹槽对准 重复执行 10 次 的向下内凸槽，然后修改内容为"0 表示剪刀，1 表示石头，2 表示布，请选一个数吧！"。

（14）单击脚本中的"数据"，将鼠标指针指向 `将 num2▼ 设定为 0`，按下鼠标左键拖动到脚本区并让其向上凹槽对准 `询问 0表示剪刀,1表示石头,2表示布,请选一个数吧! 并等待` 的向下凸槽，然后单击其下拉按钮，在弹出的菜单中选择"num1"。

（15）单击脚本中的"运算"，将鼠标指针指向 `在 1 到 10 间随机选一个数`，按下鼠标左键拖动到 `将 num1▼ 设定为 0` 的白色文本框中，然后修改随机数为0到2。

（16）单击脚本中的"数据"，将鼠标指针指向 `将 num2▼ 设定为 0`，按下鼠标左键拖动到脚本区并让其向上凹槽对准 `将 num1▼ 设定为 在 0 到 2 间随机选一个数` 的向下凸槽。

（17）单击脚本中的"侦测"，将鼠标指针指向 `回答`，按下鼠标左键拖动到 `将 num2▼ 设定为 0` 的白色文本框中。

（18）单击脚本中的"控制"，将鼠标指针指向 `如果 那么`，按下鼠标左键拖动到脚本区并让其向上凹槽对准 `将 num2▼ 设定为 回答` 的向下凸槽。

（19）单击脚本中的"运算"，将鼠标指针指向 `与`，按下鼠标左键拖动到"如果"后面的六边形中。

（20）将鼠标指针指向 `=`，按下鼠标左键拖动到"与"前面的六边形中，然后再拖动一个放在"与"后面的六边形中。

（21）单击脚本中的"数据"，将鼠标指针指向 `num1`，按下鼠标左键拖动到"="前面的白色文本框中，然后在"="后面的白色文本框中输入"0"。同理，把 `num2` 拖动到第二个"="前面的白色文本框中，在第二个"="后面的白色文本框中输入"0"，如图9.38所示。

图9.37 "新建变量"对话框

图9.38 积木代码

（22）单击脚本中的"外观"，将鼠标指针指向 `说 Hello! 2 秒`，按下鼠标左键拖动到脚本区并让其向上凹槽对准 `如果 num1 = 0 与 num2 = 0 那么` 的向下内凸槽，然后修改内容为"我出的是剪刀，你出的也是剪刀，我们打平了！"。

（23）选择"如果"积木代码，然后单击鼠标右键，在弹出的菜单单

第9章 Scratch运算积木代码模块编程实例

击"复制",然后修改num1=1和num2=1,说话的内容为"我出的是石头,你出的也是石头,我们打平了!",如图9.39所示。

(24)同理,再复制一个"如果"积木代码,然后修改num1=2和num2=2,说话的内容为"我出的是布,你出的也是布,我们打平了!"。

(25)同理,再复制一个"如果"积木代码,然后修改num1=0和num2=1,说话的内容为"我出的是剪刀,你出的是石头,我输了,你赢了!"。

(26)同理,再复制一个"如果"积木代码,然后修改num1=0和num2=2,说话的内容为"我出的是剪刀,你出的是布,我赢了,你输了!"。

(27)同理,再复制一个"如果"积木代码,然后修改num1=1和num2=0,说话的内容为"我出的是石头,你出的是剪刀,我赢了,你输了!"。

(28)同理,再复制一个"如果"积木代码,然后修改num1=1和num2=2,说话的内容为"我出的是石头,你出的是布,我输了,你赢了!"。

(29)同理,再复制一个"如果"积木代码,然后修改num1=2和num2=0,说话的内容为"我出的是布,你出的是剪刀,我输了,你赢了!"。

(30)同理,再复制一个"如果"积木代码,然后修改num1=2和num2=1,说话的内容为"我出的是布,你出的是石头,我赢了,你输了!"。

(31)单击脚本中的"外观",将鼠标指针指向  说 Hello! 2 秒 ,按下鼠标左键拖动到脚本区并让其向上凹槽对准  重复执行 10 次 的向下外凸槽,然后修改内容为"已比十次了,游戏结束!",如图9.40所示。

图9.39 复制"如果"积木代码并修改 　　图9.40 其他积木代码

（32）单击舞台上方的 ▶ 按钮，运行程序，就会显示提醒信息，并请你选一个数，如图9.41所示。

（33）注意这里只能输入0或1或2，假如输入"1"，然后单击对号按钮，这时就会显示剪刀石头布游戏结果，即谁赢谁输，如图9.42所示。

图9.41　程序运行效果　　　　图9.42　显示剪刀石头布游戏结果

（34）过2秒后，出现提示信息，会让你继续输入数，假如输入"0"，然后单击对号按钮，这时就会显示剪刀石头布游戏结果，即谁赢谁输，如图9.43所示。

（35）这个游戏可以玩10次剪刀石头布，结束后，会显示"已比十次了，游戏结束！"提示信息，如图9.44所示。

图9.43　谁赢谁输　　　　　　图9.44　提示信息

9.4 其他运算积木代码的编程实例

前面讲解了算术运算积木代码、关系运算积木代码、逻辑运算积木代码，下面再来讲解其他运算积木代码。

9.4.1 其他运算积木代码的作用

`在 1 到 10 间随机选一个数` 积木代码的作用是：产生一个随机数，默认范围为 1～10。当然可以根据程序实际需要设置随机数的范围。

`连接 hello 和 world` 积木代码的作用是：可以同时显示多个字符串。

`第 1 个字符： world` 积木代码的作用是：显示字符串的第一个字符。

`world 的长度` 积木代码的作用是：显示字符串的长度。

`平方根 9` 积木代码的作用是：9 的平方根，等于 3。单击其下拉按钮，弹出下拉菜单，就可以看到其他函数，如图 9.45 所示。

（1）绝对值：–5.2 的绝对值为 5.2。
（2）向下取整：8.6 的向下取整为 8。
（3）向上取整：8.6 的向上取整为 9。
（4）sin：返回 x 的弧度的正弦值。
（5）cos：返回 x 的弧度的余弦值。
（6）tan：返回 x 的弧度的正切值。
（7）asin：返回 x 的弧度的反正弦值。
（8）acos：返回 x 的弧度的反余弦值。
（9）atan：返回 x 的弧度的反正切值。
（10）ln：返回 log 以 e 为底的对数值。
（11）log：返回 log 以 10 为底的对数值。
（12）e^：返回 e 的多少次方的值。
（13）10^：返回 10 的多少次方的值。

图 9.45　其他函数

9.4.2 实例：随鼠标移动的飞舞多彩小球

（1）双击 Scratch 快捷方式图标，就可以打开 Scratch 软件。单击菜单栏中的"文件/保存"命令，保存程序的文件名为"随鼠标移动的飞舞多彩小球"。

（2）由于"角色 1"小猫在本例子中用不到，下面把它删除。选择角色区中的"角色 1"，单击鼠标右键，在弹出的菜单中单击"删除"命令即可。

（3）单击从角色库中选取角色按钮，弹出"角色库"对话框，选择角色"Ball",如图 9.46 所示。

(4)单击"确定"按钮,就可以把"Ball"角色添加到舞台上。

(5)为了让我们的 Scratch 程序漂亮,下面来添加背景。单击从背景库中选择背景按钮,弹出"背景库"对话框,如图 9.47 所示。

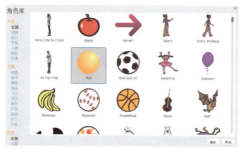 

图 9.46　"角色库"对话框　　　　图 9.47　"背景库"对话框

(6)在这里选择"space",然后单击"确定"按钮,这时 Scratch 程序的背景就变成了"space"图片。

(7)下面添加积木代码。单击"脚本"选项卡,再单击脚本中的"事件",将鼠标指针指向 `当 被点击`,按下鼠标左键,拖动到脚本区。

(8)单击脚本中的"控制",将鼠标指针指向 `重复执行`,按下鼠标左键拖动到脚本区并让其向上凹槽对准 `当 被点击` 的向下凸槽。

(9)单击脚本中的"运动",将鼠标指针指向 `移到 鼠标指针`,按下鼠标左键拖动到脚本区并让其向上凹槽对准 `重复执行` 的向下凸槽。

(10)单击脚本中的"控制",将鼠标指针指向 `克隆 自己`,按下鼠标左键拖动到脚本区并让其向上凹槽对准 `移到 鼠标指针` 的向下凸槽,如图 9.48 所示。

(11)单击舞台上方的 按钮,运行程序,这时移动鼠标,角色"Ball",即小球就会复制很多小球,然后跟随鼠标移动,如图 9.49 所示。

(12)单击脚本中的"控制",将鼠标指针指向 `当作为克隆体启动时`,按下鼠标左键,拖动到脚本区。

(13)单击"造型"选项卡,如图 9.50 所示,由于角色"Ball"有 5 个造型,所以在这里要添加积木代码让它们都显示出来。

(14)单击脚本中的"外观",将鼠标指针指向 `将造型切换为 ball-e`,按下鼠标左键拖动到脚本区并让其向上凹槽对准 `当作为克隆体启动时` 的向下凸槽。

第 9 章　Scratch 运算积木代码模块编程实例

图 9.48　积木代码　　　　图 9.49　复制很多小球并随鼠标移动

图 9.50　"造型"选项卡

（15）单击脚本中的"运算"，将鼠标指针指向 在 1 到 10 间随机选一个数，按下鼠标左键拖动到 将造型切换为 ball-e 的文本框中，然后修改随机数为 1 到 5。

（16）单击脚本中的"外观"，将鼠标指针指向 将角色的大小设定为 65，按下鼠标左键拖动到脚本区并让其向上凹槽对准 将造型切换为 在 1 到 5 间随机选一个数 的向下凸槽。

（17）下面把角色的大小也设定为随机数。单击脚本中的"运算"，将鼠标指针指向 在 1 到 10 间随机选一个数，按下鼠标左键拖动到 将角色的大小设定为 65 的白色文本框中，然后修改随机数为 10 到 160。

（18）单击脚本中的"外观"，将鼠标指针指向 将 颜色 特效设定为 0，按下鼠标左键拖动到脚本区并让其向上凹槽对准 将角色的大小设定为 在 10 到 160 间随机选一个数

141

的向下凸槽，然后单击其下拉按钮，在弹出下拉菜单中选择"虚像"。

（19）单击脚本中的"运动"，将鼠标指针指向 `右转 15 度`，按下鼠标左键拖动到脚本区并让其向上凹槽对准 `将 虚像 特效设定为 0` 的向下凸槽。

（20）下面把右转角度的大小也设定为随机数。单击脚本中的"运算"，将鼠标指针指向 `在 1 到 10 间随机选一个数`，按下鼠标左键拖动到 `右转 15 度` 的白色文本框中，然后修改随机数为 0 到 360。

（21）单击脚本中的"控制"，将鼠标指针指向 `重复执行 10 次`，按下鼠标左键拖动到脚本区并让其向上凹槽对准 `右转 在 0 到 360 间随机选一个数 度` 的向下凸槽，然后修改重复执行次数为 30 次。

（22）单击脚本中的"运动"，将鼠标指针指向 `移动 10 步`，按下鼠标左键拖动到脚本区并让其向上凹槽对准 `重复执行 30 次` 的向下内凸槽，然后修改移动步数为 2。

（23）单击脚本中的"外观"，将鼠标指针指向 `将 颜色 特效增加 25`，按下鼠标左键拖动到脚本区并让其向上凹槽对准 `移动 2 步` 的向下凸槽，然后将"颜色"改为"虚像"，特效增加数为 5。

（24）单击单击脚本中的"控制"，将鼠标指针指向 `删除本克隆体`，按下鼠标左键拖动到脚本区并让其向上凹槽对准 `重复执行 30 次` 的向下外凸槽，如图 9.51 所示。

（25）单击舞台上方的 ▶ 按钮，运行程序，移动鼠标时，就可以看到随鼠标移动的飞舞多彩小球效果，如图 9.52 所示。

图 9.51　当作为克隆启动时的积木代码　　图 9.52　随鼠标移动的飞舞多彩小球效果

第 10 章 Scratch 编程综合实例

前面章节已通过具体实例剖析讲解 Scratch 中的八大积木代码模块。本章通过 2 个综合案例，即打字游戏、随机绘制多边形与花朵，来讲解 Scratch 少儿编程实战方法与技巧。

10.1 打字游戏

下面利用 Scratch 制作一个打字游戏。首先进入的是一个打字游戏前台界面，在该界面任何位置单击，即可进入打字游戏主界面。

在打字游戏主界面，首先是 26 个字母随机从上到下飘落，并且字母的颜色是不断变化的。这时舞台上出什么字母，你可以按下键盘上的什么字母，该字母就会消失，这时 num 变量就会增加 1，即 num 变量记录你打对的字母个数。

在这里打字游戏设置为 10 秒，如果在 10 秒内，你打（按下）30 多个字母，就会显示你是打字高手；如果你打 10～30 字母，就会显示打字速度一般；如果打 10 个以下字母，就会显示打字速度太慢了。

10.1.1 打字游戏前台界面

（1）双击 Scratch 快捷方式图标，就可以打开 Scratch 软件。单击菜单栏中的"文件/保存"命令，保存程序的文件名为"打字游戏"。

（2）由于"角色 1"小猫在本例子中用不到，下面把它删除。选择角色区中的"角色 1"，单击鼠标右键，在弹出的菜单中单击"删除"命令即可。

（3）单击从本地文件中上传角色按钮 ，弹出选择要上载的文件对话框，如图 10.1 所示。

（4）在这里选择"Snap1"，然后单击"打开"按钮，该角色就会显示在舞台中。

（5）下面来添加积木代码。单击脚本中的"事件"，将鼠标指针指向 `当角色被点击时`，按下鼠标左键，拖动到脚本区。

（6）单击脚本中的"外观"，将鼠标指针指向 `隐藏`，按下鼠标左键拖动到脚本区并让其向上凹槽对准 `当角色被点击时` 的向下凸槽。

（7）单击脚本中的"事件"，将鼠标指针指向 `广播 消息1`，按下鼠标左键拖动到脚本区并让其向上凹槽对准 `隐藏` 的向下凸槽，然后单击其下拉按钮，在弹出的菜单中单击"新消息"，弹出"新消息"对话框，如图10.2所示。

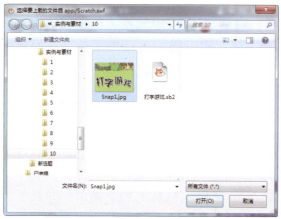

图 10.1　选择要上载的文件对话框　　　图 10.2　"新消息"对话框

（8）在这里设置消息名称为"游戏开始！"，然后单击"确定"按钮即可。这样就可以实现单击角色，把角色隐藏起来的功能，并广播游戏开始消息。

（9）单击脚本中的"事件"，将鼠标指针指向 `当 ▶ 被点击`，按下鼠标左键，拖动到脚本区。

（10）单击脚本中的"外观"，将鼠标指针指向 `显示`，按下鼠标左键拖动到脚本区并让其向上凹槽对准 `当 ▶ 被点击` 的向下凸槽。

（11）将鼠标指针指向 `说 Hello!`，按下鼠标左键拖动到脚本区并让其向上凹槽对准 `显示` 的向下凸槽，然后修改说的内容为"在任何位置单击我，就开始打字游戏！"，如图10.2所示。

（12）单击舞台上方的 ▶ 按钮，运行程序，就会显示打字游戏前台界面，并显示提示信息，如图10.3所示。

第 10 章　Scratch 编程综合实例

图 10.3　积木代码　　　　图 10.4　打字游戏前台界面及提示信息

10.1.2 打字游戏主界面的布局

（1）首先要把角色"Snap1"隐藏起来，即选择角色区中的"Snap1"，单击鼠标右键，在弹出的菜单中单击"隐藏"即可。

（2）单击从角色库中选取角色按钮，弹出"角色库"对话框，选择角色"A-block"，如图 10.5 所示。

（3）单击"确定"按钮，就可以把"A-block"角色添加到舞台上。

（4）为了让我们的 Scratch 程序漂亮，下面来添加背景。单击从背景库中选择背景按钮，弹出"背景库"对话框，如图 10.6 所示。

图 10.5　"角色库"对话框　　　　图 10.6　"背景库"对话框

（5）在这里选择"blue sky3"，然后单击"确定"按钮，这时 Scratch 程序的背景就变成了"blue sky3"图片。

（6）需要注意的是，角色"A-block"当前只有一个造型，单击"造型"选项卡，如图 10.7 所示。

（7）在打字游戏中，要有 26 个字母，所以下面把其他字母添加到造型中。单击从造型库中选取造型按钮，弹出"造型库"对话框，按下键

145

盘上的"Shift"键,选择 B、C、D……Z,如图 10.8 所示。

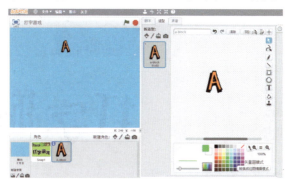

图 10.7 角色"A-block"的造型

(8)单击"确定"按钮,就把所有字母添加到了角色"A-block"的造型中,如图 10.9 所示。

图 10.8 "造型库"对话框

图 10.9 角色"A-block"的所有造型

这样,主界面就布局好了,下面来添加积木代码,实现打字游戏功能。

10.1.3 复制多个字母并改变其造型

(1)创建一个变量 num,用来记录打对字母的个数。单击脚本中的"数据",再单击 建立一个变量 按钮,弹出"新建变量"对话框,如图 10.10 所示。

(2)设置变量名为 num,然后单击"确定"按钮,即可新建变量。

(3)选择角色"A-block",单击脚本中的"事件",将鼠标指针指向 当接收到 游戏开始!,按下鼠标左键,拖动到脚本区。

(4)单击脚本中的"数据",将鼠标指针指向 将 num▼ 设定为 0 ,按下鼠标左键拖动到脚本区并让其向上凹槽对准 当接收到 游戏开始! 的向下凸槽。

（5）单击脚本中的"外观"，将鼠标指针指向 隐藏，按下鼠标左键拖动到脚本区并让其向上凹槽对准 将 num 设定为 0 的向下凸槽。

（6）单击脚本中的"控制"，将鼠标指针指向 重复执行，按下鼠标左键拖动到脚本区并让其向上凹槽对准 隐藏 的向下凸槽。

（7）将鼠标指针指向 克隆 自己，按下鼠标左键拖动到脚本区并让其向上凹槽对准 重复执行 的向下凸槽。

（8）单击脚本中的"外观"，将鼠标指针指向 将造型切换为 z-block，按下鼠标左键拖动到脚本区并让其向上凹槽对准 克隆 自己 的向下凸槽。

（9）单击脚本中的"运算"，将鼠标指针指向 在 1 到 10 间随机选一个数，按下鼠标左键拖动到 将造型切换为 z-block 的文本框中，然后修改随机数为 1～26。

（10）单击脚本中的"控制"，将鼠标指针指向 等待 1 秒，按下鼠标左键拖动到脚本区并让其向上凹槽对准 将造型切换为 在 1 到 26 间随机选一个数 的向下凸槽，如图 10.11 所示。

图 10.10 "新建变量"对话框

图 10.11 程序启动时的积木代码

10.1.4 字母从上向下飘落的动画效果

（1）单击脚本中的"控制"，将鼠标指针指向 当作为克隆体启动时，按下鼠标左键，拖动到脚本区。

（2）把复制的字母显示出来。单击脚本中的"外观"，将鼠标指针指向 显示，按下鼠标左键拖动到脚本区并让其向上凹槽对准 当作为克隆体启动时 的向下凸槽。

（3）单击脚本中的"运动"，将鼠标指针指向 移到 鼠标指针，按下鼠标左键拖动到脚本区并让其向上凹槽对准 显示 的向下凸槽，然后把"鼠标指针"换成"随机位置"。

（4）将鼠标指针指向 将y坐标设定为 0 ，按下鼠标左键拖动到脚本区并让其向上凹槽对准 移到 随机位置 的向下凸槽，然后修改 y 坐标值为 200。

（5）单击脚本中的"控制"，将鼠标指针指向 重复执行 ，按下鼠标左键拖动到脚本区并让其向上凹槽对准 将y坐标设定为 200 的向下凸槽。

（6）单击脚本中的"运动"，将鼠标指针指向 将y坐标增加 10 ，按下鼠标左键拖动到脚本区并让其向上凹槽对准 重复执行 的向下凸槽，然后修改 y 坐标增加值为 -2。

（7）单击脚本中的"外观"，将鼠标指针指向 将 颜色 特效增加 25 ，按下鼠标左键拖动到脚本区并让其向上凹槽对准 将y坐标增加 -2 的向下凸槽。

（8）单击脚本中的"控制"，将鼠标指针指向 如果 那么 ，按下鼠标左键拖动到脚本区并让其向上凹槽对准 将 颜色 特效增加 25 的向下凸槽。

（9）单击脚本中的"运算"，将鼠标指针指向 ◯<◯ ，按下鼠标左键拖动到"如果"后面的六边形中。

（10）单击脚本中的"运动"，将鼠标指针指向 y 坐标 ，按下鼠标左键拖动到 ◯<◯ 的第一个白色文本框中，然后在第二个文本框中输入"-160"。

（11）单击脚本中的"控制"，将鼠标指针指向 删除本克隆体 ，按下鼠标左键拖动到脚本区并让其向上凹槽对准 如果 那么 的向下内凸槽，如图 10.12 所示。

（12）单击舞台上方的 ▶ 按钮，运行程序，然后在打字游戏前台界面上单击，就可以看到字母从上向下飘落的动画效果，如图 10.13 所示。

图 10.12　字母从上向下飘落的积木代码　　图 10.13　字母从上向下飘落的动画效果

10.1.5 打字效果

打字效果，即按下键盘上的"字母"，程序中的相应字母要消失。

（1）单击脚本中的"控制"，将鼠标指针指向 `当作为克隆体启动时`，按下鼠标左键，拖动到脚本区。

（2）将鼠标指针指向 `重复执行`，按下鼠标左键拖动到脚本区并让其向上凹槽对准 `当作为克隆体启动时` 的向下凸槽。

（3）将鼠标指针指向 `如果 那么`，按下鼠标左键拖动到脚本区并让其向上凹槽对准 `重复执行` 的向下凸槽。

（4）单击脚本中的"运算"，将鼠标指针指向 `与`，按下鼠标左键拖动到"如果"后面的六边形中。

（5）单击脚本中的"侦测"，将鼠标指针指向 `按键 空格 是否按下？`，按下鼠标左键拖动到 `与` 的第一个六边形中，然后单击其下拉按钮，在弹出的下拉菜单中选择"a"。

（6）单击脚本中的"运算"，将鼠标指针指向 `=`，按下鼠标左键拖动到 `与` 的第二个六边形中。

（7）单击脚本中的"外观"，将鼠标指针指向 `造型编号`，按下鼠标左键拖动到 `=` 的第一个白色文本框中，然后在第二个文本框中输入"1"。

（8）单击脚本中的"数据"，将鼠标指针指向 `将 num 增加 1`，按下鼠标左键拖动到脚本区并让其向上凹槽对准 `如果 按键 a 是否按下？ 与 造型编号 = 1 那么` 的向下内凸槽。

（9）单击脚本中的"控制"，将鼠标指针指向 `删除本克隆体`，按下鼠标左键拖动到脚本区并让其向上凹槽对准 `将 num 增加 1` 的向下凸槽，如图10.14所示。

（10）将鼠标指针指向"如果"积木代码，然后单击鼠标右键，在弹出的菜单中单击"复制"，就可以复制"如果"积木代码，然后将鼠标指针指向"如果"积木代码的向下外凸槽，再单击就可以放在上一个"如果"积木代码后面，然后修改按键为"b"，造型编号为"2"，如图10.15所示。

（11）同理，再复制一个"如果"积木代码，然后修改按键为"c"，造型编号为"3"。

（12）同理，再复制一个"如果"积木代码，然后修改按键为"d"，造型编号为"4"。

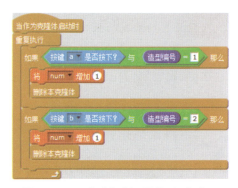

图 10.14 积木代码　　　图 10.15 复制"如果"积木代码

（13）同理，再复制多个"如果"积木代码，然后修改按键为"e"、"f"、"g"、"h"、"i"、"j"、"k"、"l"、"m"、"n"、"o"、"p"、"q"、"r"、"s"、"t"、"u"、"v"、"w"、"x"、"y"、"z"，造型编号为"5"、"6"、"7"、"8"、"9"、"10"、"11"、"12"、"13"、"14"、"15"、"16"、"17"、"18"、"19"、"20"、"21"、"22"、"23"、"24"、"25"、"26"，如图 10.16 所示。

（14）单击舞台上方的 ▶ 按钮，运行程序，然后在打字游戏前台界面上单击，就可以看到字母从上向下飘落的动画效果，然后按下键盘上相应的字母，字母就会消失，并且 num 值会增加 1，如图 10.17 所示。

图 10.16 "如果"积木代码　　　图 10.17 打字效果

10.1.6 打字游戏结束界面

（1）单击从本地文件中上传角色按钮，弹出选择要上载的文件对话框，如图 10.18 所示。

（2）在这里选择"Snap2"，然后单击"打开"按钮，该角色就会显示在舞台中。

（3）下面来添加积木代码。选择角色"Snap2"，单击脚本中的"事件"，将鼠标指针指向 当 被点击 ，按下鼠标左键，拖动到脚本工作区。

（4）单击脚本中的"外观"，将鼠标指针指向 隐藏 ，按下鼠标左键拖动到脚本区并让其向上凹槽对准 当 被点击 的向下凸槽，如图 10.19 所示。

图 10.18　选择要上载的文件对话框　　图 10.19　"隐藏"积木代码

（5）单击脚本中的"事件"，将鼠标指针指向 当接收到 游戏开始! ，按下鼠标左键，拖动到脚本区。

（6）单击脚本中的"侦测"，将鼠标指针指向 计时器归零 ，按下鼠标左键拖动到脚本区并让其向上凹槽对准 当接收到 游戏开始! 的向下凸槽。

（7）单击脚本中的"事件"，将鼠标指针指向 重复执行 ，按下鼠标左键拖动到脚本区并让其向上凹槽对准 计时器归零 的向下凸槽。

（8）将鼠标指针指向 如果 那么 ，按下鼠标左键拖动到脚本区并让其向上凹槽对准 重复执行 的向下凸槽。

（9）单击脚本中的"运算"，将鼠标指针指向 ，按下鼠标左键拖动到"如果"后面的六边形中。

（10）单击脚本中的"侦测"，将鼠标指针指向 [计时器]，按下鼠标左键拖动到 [>] 的第一个白色文本框中，然后在第二个文本框中输入"10"，即每次打字游戏为 10 秒。

（11）将鼠标指针指向 [停止 全部▼]，按下鼠标左键拖动到脚本区并让其向上凹槽对准 [如果 计时器>10 那么] 的向下内凸槽，然后把"全部"改为"角色的其他脚本"。

（12）单击脚本中的"外观"，将鼠标指针指向 [显示]，按下鼠标左键拖动到脚本区并让其向上凹槽对准 [停止 角色的其他脚本▼] 的向下凸槽。

（13）单击脚本中的"事件"，将鼠标指针指向 [如果 那么 否则]，按下鼠标左键拖动到脚本区并让其向上凹槽对准 [显示] 的向下凸槽。

（14）单击脚本中的"运算"，将鼠标指针指向 [>]，按下鼠标左键拖动到"如果"后面的六边形中。

（15）单击脚本中的"数据"，将鼠标指针指向 [num]，按下鼠标左键拖动到 [>] 的第一个白色文本框中，然后在第二个文本框中输入"30"，即如果每 10 秒打 30 个字。

（16）单击脚本中的"外观"，将鼠标指针指向 [说 Hello! 2秒]，按下鼠标左键拖动到"那么"下的向下凸槽。

（17）单击脚本中的"运算"，将鼠标指针指向 [连接 hello 和 world]，按下鼠标左键拖动到 [说 Hello! 2秒] 的白色文本框中。

（18）再拖另一个 [连接 hello 和 world] 到第一个 [连接 hello 和 world] 的"world"文本框中，如图 10.20 所示。

（19）修改第一个"hello"为"你 10 秒打了"，修改第二个"hello"为 [num]，修改"world"为"字，您是打字高手！"。

（20）将鼠标指针指向"如果"积木代码，单击鼠标右键，在弹出的菜单中单击"复制"，然后把鼠标指针移动到"否则"下面的向下凸槽，然后单击，即可把复制的积木代码放到"否则"下面。

（21）修改如果条件为"[num] >10"，修改说的内容"字，您是打字高手！"为"字，打字速度一般！"。

（22）再选择说的内容进行复制，然后修改说的内容"字，打字速度一般！"为"字，打字速度太慢了！"，如图 10.21 所示。

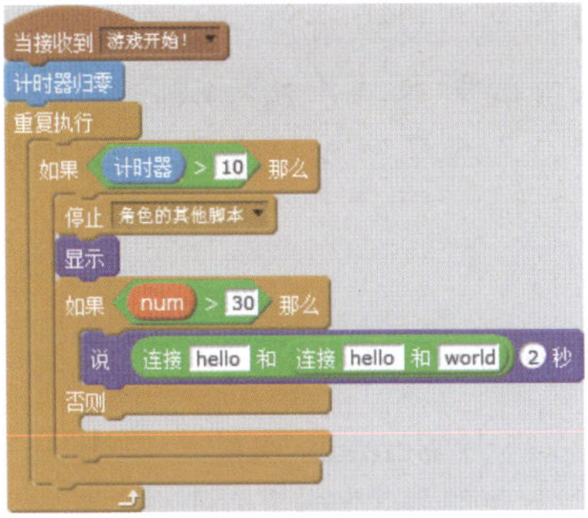

第 10 章　Scratch 编程综合实例

图 10.20　积木代码

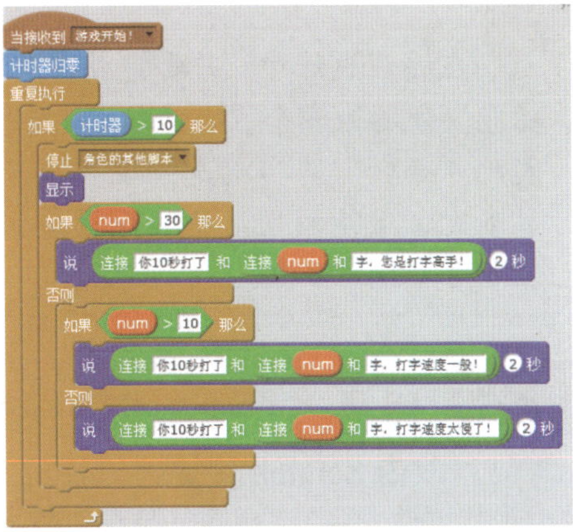

图 10.21　根据打字的个数进行评论

（23）单击舞台上方的 ▶ 按钮，运行程序，首先进入打字游戏前台界面，然后单击，即可玩打字游戏。当前该游戏一次只可玩 10 秒，10 秒后，就会根据打字数进行评论。如果打字数大于 30，评论为您是打字高手；如果打字数大于 10 小于 30，评论为打字速度一般；如果打字数小于 10，评论为打字速度太慢了，如图 10.22 所示。

图 10.22　打字游戏结束界面

10.2　随机绘制多边形与花朵

下面利用 Scratch 随机绘制多边形与花朵，首先要定义一个绘制多边形函数，然后再定义一个绘制花朵函数，通过调用函数的方法，可以随机绘制多边形与花朵。

153

提醒：　　在编程设计中，若要完成一个复杂的功能，我们总是习惯性地把"大功能"分解为多个"小功能"，而每个"小功能"可以对应一个"函数"。因此"函数"其实就是一段实现了某种功能的脚本，并且可以供其他脚本多次、反复调用，使程序模块化。另外，函数还可以提升程序的简洁性和可读性。

10.2.1 自定义绘制多边形函数

（1）双击 Scratch 快捷方式图标，就可以打开 Scratch 软件。单击菜单栏中的"文件/保存"命令，保存程序的文件名为"随机绘制多边形与花朵"。

（2）单击脚本中的"更多积木"，然后单击 制作新的积木 按钮，弹出"新建积木"对话框，设置积木名称为"绘制多边形"，然后单击"选项"，就可以为自定义函数添加参数。

（3）在这里可以看到函数的参数类型有三种，分别是数字、字符串和布尔。绘制多边形，边数和边长都是数字，所以这里要添加两个数字参数，即单击 ● 按钮两次，修改参数名分别为"边数"和"边长"，如图 10.23 所示。

（4）设定好后，单击"确定"按钮，这样在脚本区中就可以看到自定义的绘制多边形函数。

（5）单击脚本中的"画笔"，将鼠标指针指向 将画笔颜色设定为 0 ，按下鼠标左键拖动到脚本区并让其向上凹槽对准 定义 绘制多边形 边数 边长 的向下凸槽。

（6）单击脚本中的"运算"，将鼠标指针指向 在 1 到 10 间随机选一个数 ，按下鼠标左键拖动到 将画笔颜色设定为 0 的白色文本框中，然后修改随机数为 1 到 200。

（7）单击脚本中的"画笔"，将鼠标指针指向 将画笔粗细设定为 1 ，按下鼠标左键拖动到脚本区并让其向上凹槽对准 将画笔颜色设定为 在 1 到 200 间随机选一个数 的向下凸槽。

（8）将鼠标指针指向 落笔 ，按下鼠标左键拖动到脚本区并让其向上凹槽对准 将画笔粗细设定为 1 的向下凸槽。

（9）单击脚本中的"控制"，将鼠标指针指向 重复执行 10 次 ，按下鼠标左键拖动到脚本区并让其向上凹槽对准 落笔 的向下凸槽。

第 10 章　Scratch 编程综合实例

（10）将鼠标指针指向 ![定义 绘制多边形 边数 边长] 中的"边数"，按下鼠标左键拖动到"重复执行"后面的白色文本框中。

（11）单击脚本中的"运动"，将鼠标指针指向 ![移动 10 步]，按下鼠标左键拖动到脚本区并让其向上凹槽对准 ![重复执行 边数 次] 的向下内凸槽。

（12）将鼠标指针指向 ![定义 绘制多边形 边数 边长] 中的"边长"，按下鼠标左键拖动到"移动"后面的白色文本框中。

（13）单击脚本中的"控制"，将鼠标指针指向 ![等待 1 秒]，按下鼠标左键拖动到脚本区并让其向上凹槽对准 ![移动 边长 步] 的向下凸槽。

（14）单击脚本中的"控制"，将鼠标指针指向 ![右转 15 度]，按下鼠标左键拖动到脚本区并让其向上凹槽对准 ![等待 1 秒] 的向下凸槽。

（15）单击脚本中的"运算"，将鼠标指针指向 ![○/○]，按下鼠标左键拖动到"右转"后面的白色文本框中。

（16）在 ![○/○] 的第一个白色文本框中输入"360"，把 ![边数] 拖到第二个白色文本框中，如图 10.24 所示。

图 10.23　"新建积木"对话框

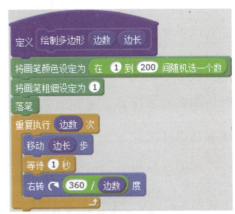

图 10.24　绘制多边形函数的积木代码

10.2.2　自定义绘制花朵函数

（1）单击脚本中的"更多积木"，然后单击 ![制作新的积木] 按钮，弹出"新建积木"对话框，设置积木名称为"绘制花朵"，然后单击"选项"，就可

155

以为自定义函数添加参数。

（2）在这里添加一个数字参数，即花瓣数。单击 ⬤ 按钮，修改参数名为"花瓣数"，如图10.25所示。

（3）接下来添加画笔设置积木代码，添加方法与自定义绘制多数形函数是一样的，这里不再重复，如图10.26所示。

图10.25　新建积木对话框

图10.26　画笔设置积木代码

（4）单击脚本中的"控制"，将鼠标指针指向 重复执行 10 次 ，按下鼠标左键拖动到脚本区并让其向上凹槽对准 落笔 的向下凸槽。

（5）将鼠标指针指向 定义 绘制花朵 花瓣数 中的"花瓣数"，按下鼠标左键拖动到"重复执行"后面的白色文本框中。

（6）单击脚本中的"控制"，将鼠标指针指向 重复执行 10 次 ，按下鼠标左键拖动到脚本区并让其向上凹槽对准 重复执行 花瓣数 的向下内凸槽，然后修改重复执行次数为2次。

（7）将鼠标指针指向 重复执行 10 次 ，按下鼠标左键拖动到脚本区并让其向上凹槽对准 重复执行 2 次 的向下内凸槽，然后修改重复执行次数为99次。

（8）单击脚本中的"运动"，将鼠标指针指向 移动 10 步 ，按下鼠标左键拖动到脚本区并让其向上凹槽对准 重复执行 99 次 的向下内凸槽，然后修改移动步数为0.5步。

（9）将鼠标指针指向 [左转 15 度]，按下鼠标左键拖动到脚本区并让其向上凹槽对准 [移动 0.5 步] 的向下凸槽，然后修改左转度数为1度。

（10）将鼠标指针指向 [左转 15 度]，按下鼠标左键拖动到脚本区并让其向上凹槽对准 [重复执行 99 次 / 移动 0.5 步 / 左转 1 度] 的向下外凸槽，然后修改左转度数为90度。

（11）将鼠标指针指向 [左转 15 度]，按下鼠标左键拖动到脚本区并让其向上凹槽对准 [重复执行 2 次 / 重复执行 99 次 / 移动 0.5 步 / 左转 1 度 / 左转 90 度] 的向下外凸槽。

（12）单击脚本中的"运算"，将鼠标指针指向 [◯/◯]，按下鼠标左键拖动到"左转"后面的白色文本框中。

（13）在 [◯/◯] 的第一个白色文本框中输入"360"，把 [花瓣数] 拖到第二个白色文本框中，如图10.27所示。

10.2.3 程序初始化积木代码

两个函数定义好后，下面来编写程序初始化积木代码。

（1）单击脚本中的"事件"，将鼠标指针指向 [当▶被点击]，按下鼠标左键，拖动到脚本工作区。

（2）单击脚本中的"画笔"，将鼠标指针指向 [清空]，按下鼠标左键拖动到脚本区并让其向上凹槽对准 [当▶被点击] 的向下凸槽。

（3）将鼠标指针指向 [抬笔]，按下鼠标左键拖动到脚本区并让其向上凹槽对准 [清空] 的向下凸槽。

（4）单击脚本中的"外观"，将鼠标指针指向 [将角色的大小设定为 40]，按下鼠标左键拖动到脚本区并让其向上凹槽对准 [抬笔] 的向下凸槽。

（5）单击脚本中的"运动"，将鼠标指针指向 [面向 90▼方向]，按下鼠标左键拖动到脚本区并让其向上凹槽对准 [将角色的大小设定为 40] 的向下凸槽，如图10.28所示。

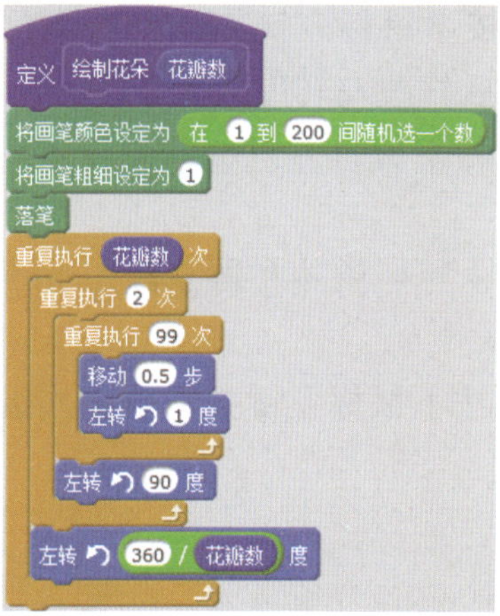

图 10.27　绘制花朵函数的积木代码

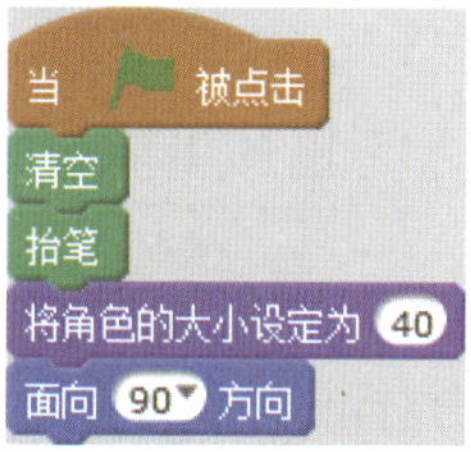

图 10.28　程序初始化积木代码

10.2.4 按任意键随机绘制多边形与花朵

要随机绘制多边形与花朵，就要先新建一个变量 select1，如果该变量等于 0，就绘制多边形；如果该变量等于 1，则会制花朵。

（1）单击脚本中的“数据”，然后单击 建立一个变量 按钮，弹出“新建变量”对话框，如图 10.29 所示。

（2）设置变量名为“select1”，单击“确定”按钮即可。

（3）单击脚本中的“事件”，将鼠标指针指向 当按下 空格 键，按下鼠标左键，拖动到脚本区，然后把“空格”改为“任意”。

（4）单击脚本中的“运动”，将鼠标指针指向 移到 鼠标指针，按下鼠标左键拖动到脚本区并让其向上凹槽对准 当按下 任意 键 的向下凸槽。

（5）单击脚本中的“数据”，将鼠标指针指向 将 select1 设定为 0，按下鼠标左键拖动到脚本区并让其向上凹槽对准 移到 鼠标指针 的向下凸槽。

（6）单击脚本中的“运算”，将鼠标指针指向 在 1 到 10 间随机选一个数，按下鼠标左键拖动到 将 select1 设定为 0 的白色文本框中，然后设置随机数为 0 到 1。

（7）单击脚本中的“控制”，将鼠标指针指向 如果 那么，按下鼠标左键拖动到脚本区并让其向上凹槽对准 将 select1 设定为 在 0 到 1 间随机选一个数 的向下凸槽。

（8）单击脚本中的"运算"，将鼠标指针指向 ▢=▢，按下鼠标左键拖动到"如果"后面的六边形中。

（9）在 ▢=▢ 的第二个白色文本框中输入"0"，把 select1 拖到第一个白色文本框中。

（10）单击脚本中的"更多积木"，将鼠标指针指向 绘制多边形 ❶❶，按下鼠标左键拖动到脚本区并让其向上凹槽对准 如果 select1 = 0 那么 的向下内凸槽。

（11）单击脚本中的"运算"，将鼠标指针指向 在 ❶ 到 ⑩ 间随机选一个数，按下鼠标左键拖动到 绘制多边形 ❶❶ 的第一个白色文本框中，然后设置随机数为 3 到 10，这样绘制的多边形就是三角形、四边形……十边形。

（12）同理，将鼠标指针指向 在 ❶ 到 ⑩ 间随机选一个数，按下鼠标左键拖动到 绘制多边形 ❶❶ 的第二个白色文本框中，然后设置随机数为 20 到 40，这样绘制的多边形的边长就在 20～40 之间，如图 10.30 所示。

图 10.29　"新建变量"对话框　　　　图 10.30　绘制多边形

（13）将鼠标指针指向"如果"积木代码，单击鼠标右键，在弹出的菜单中单击"复制"，然后移动鼠标指针到"如果"积木代码的向下外凸槽，再单击，然后修改"select1=1"，再删除绘制多边形积木代码。

（14）单击脚本中的"更多积木"，将鼠标指针指向 绘制花朵 ❶，按下鼠标左键拖动到脚本区并让其向上凹槽对准 如果 select1 = 1 那么 的向下内凸槽。

（15）单击脚本中的"运算"，将鼠标指针指向 在 ❶ 到 ⑩ 间随机选一个数，按下鼠标左键拖动到 绘制花朵 ❶ 的白色文本框中，然后修改随机数为 5 到 9，如图 10.31 所示。

（16）单击舞台上方的 ▶ 按钮，运行程序，将鼠标指针指向要绘制多边形或花朵的位置，然后按下键盘上任一键，就会随机绘制多边形或花朵；然后移动鼠标，继续按下键盘上任一键，还会继续随机绘制多边形或花朵，如图 10.32 所示。

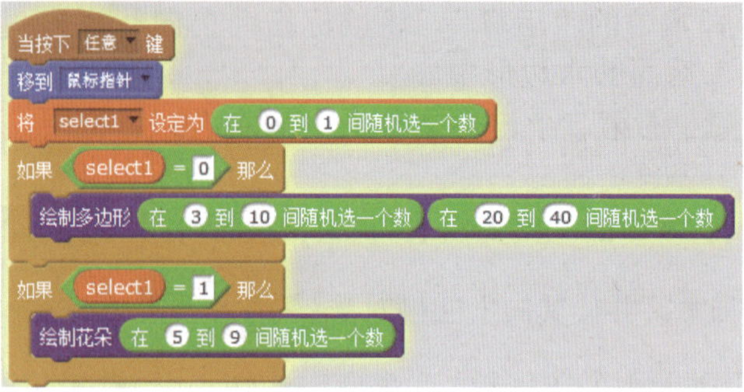

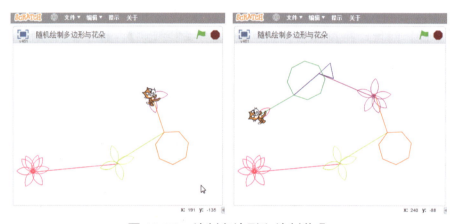

图 10.31　绘制多边形和绘制花朵积木代码

图 10.32　绘制多边形和绘制花朵